计算机应用基础上机实训教程

(Windows 10+Office 2016)

靳 伟　田亚崇　主　编
季国华　徐　飞　副主编
张　静　陈凤妹　赵丽敏　杨　琴　参　编

清华大学出版社
北京

内容简介

本书以 Windows 10 和 Office 2016 为平台,针对计算机等级考试大纲要求,注重高职学生实际应用能力的培养,为适应项目化教学方法而编写。

全书共分为 6 个项目,内容包括 Windows 10 操作系统、Word 2016 文字处理、Excel 2016 电子表格、PowerPoint 2016 演示文稿、因特网基础与简单应用、模拟练习。前 5 个项目通过项目提出、知识目标、项目实施、综合实训等过程进行教、学、做、练,注重对学生操作技能的训练。

本书可作为高职高专院校、成人高校各专业的计算机公共课程教材,也可作为计算机等级考试的参考书和办公自动化人员的培训教材。

本书封面贴有清华大学出版社防伪标签,无标签者不得销售。
版权所有,侵权必究。举报: 010-62782989,beiqinquan@tup.tsinghua.edu.cn。

图书在版编目(CIP)数据

计算机应用基础上机实训教程: Windows 10+Office 2016/靳伟,田亚荣主编. —北京: 清华大学出版社,2021.10(2023.9 重印)
ISBN 978-7-302-58637-1

Ⅰ. ①计… Ⅱ. ①靳… ②田… Ⅲ. ①Windows 操作系统-高等职业教育-教材 ②办公自动化-应用软件-高等职业教育-教材 Ⅳ. ①TP316.7 ②TP317.1

中国版本图书馆 CIP 数据核字(2021)第 142466 号

责任编辑: 孟毅新
封面设计: 常雪影
责任校对: 刘　静
责任印制: 沈　露

出版发行: 清华大学出版社
网　　址: http://www.tup.com.cn, http://www.wqbook.com
地　　址: 北京清华大学学研大厦 A 座　邮　编: 100084
社 总 机: 010-83470000　邮　购: 010-62786544
投稿与读者服务: 010-62776969, c-service@tup.tsinghua.edu.cn
质量反馈: 010-62772015, zhiliang@tup.tsinghua.edu.cn
课件下载: http://www.tup.com.cn, 010-83470410

印 装 者: 三河市天利华印刷装订有限公司
经　　销: 全国新华书店
开　　本: 185mm×260mm　印　张: 13.5　字　数: 304 千字
版　　次: 2021 年 10 月第 1 版　印　次: 2023 年 9 月第 4 次印刷
定　　价: 46.00 元

产品编号: 092800-02

前　言

随着信息技术的快速发展，如何提高学生的计算机应用能力，增强学生利用计算机网络资源优化自身知识结构及技能水平的能力，已成为高素质人才培养过程中的重要问题。为适应当前高等教育教学改革的形势，满足高职高专教育非计算机专业的"大学计算机信息技术"教学需要以及计算机等级考试一级考纲的要求，我们编写了本书。

本书的内容包括 Windows 10 操作系统、Word 2016 文字处理、Excel 2016 电子表格、PowerPoint 2016 演示文稿、因特网基础与简单应用、模拟练习 6 个项目。

本书采用新颖的项目化教学方法，注重培养学生的动手操作能力。在编写过程中，力求语言精练、内容实用、操作步骤详细。为了方便教学和自学，本书采用了大量图片和实例。

本书配有免费多媒体课件、教案、授课计划供广大教师和读者使用，旨在为教师授课、读者学习提供方便，需要者可从清华大学出版社网站下载。

本书在编写过程中参考、引用了国内外先进职业教育的培养模式、教学手段和教学方法，吸收并消化了优秀教材的编写经验和成果，在此对有关作者致以诚挚的感谢。此外，还要感谢编者的领导、同事和家人，因为有他们的支持和鼓励，才使得本书能够按时完成。本书编写者包括靳伟、田亚崇、季国华、徐飞、张静、陈凤妹、赵丽敏、杨琴，全书由杨琴统稿、定稿。

由于计算机信息技术发展非常迅速，限于编者水平，加之时间仓促，书中难免存在不足之处，敬请读者批评、指正。

编　者
2021 年 4 月

目 录

项目 1　Windows 10 操作系统 ……………………………………………………… 1

　1.1　项目提出 ………………………………………………………………………… 1
　1.2　知识目标 ………………………………………………………………………… 1
　1.3　项目实施 ………………………………………………………………………… 2
　　　任务 1　Windows 10 新体验 ………………………………………………… 2
　　　任务 2　个性化设置 Windows 10 …………………………………………… 5
　　　任务 3　管理文件和文件夹 …………………………………………………… 16
　　　任务 4　管理软件和硬件 ……………………………………………………… 25
　　　任务 5　配置 Windows 10 的网络 …………………………………………… 30
　1.4　Windows 综合实训 ……………………………………………………………… 31

项目 2　Word 2016 文字处理 ……………………………………………………… 33

　2.1　项目提出 ………………………………………………………………………… 33
　2.2　知识目标 ………………………………………………………………………… 34
　2.3　项目实施 ………………………………………………………………………… 34
　　　任务 1　Word 2016 基础 ……………………………………………………… 34
　　　任务 2　Word 的基本操作 …………………………………………………… 39
　　　任务 3　编辑文档 ……………………………………………………………… 40
　　　任务 4　格式化文本 …………………………………………………………… 43
　　　任务 5　图文混排 ……………………………………………………………… 48
　　　任务 6　高级排版 ……………………………………………………………… 54
　2.4　Word 综合实训 …………………………………………………………………… 56

项目 3　Excel 2016 电子表格 ……………………………………………………… 62

　3.1　项目提出 ………………………………………………………………………… 62
　3.2　知识目标 ………………………………………………………………………… 63
　3.3　项目实施 ………………………………………………………………………… 64
　　　任务 1　Excel 2016 工作界面及工作簿的基本操作 ………………………… 64

    任务 2 数据输入 …………………………………………………………… 70
    任务 3 单元格基本操作 ………………………………………………… 75
    任务 4 公式和函数的使用 ……………………………………………… 82
    任务 5 数据的管理 ……………………………………………………… 89
    任务 6 图表的使用 ……………………………………………………… 98
  3.4 知识链接 …………………………………………………………………… 101
    3.4.1 导入外部数据 …………………………………………………… 101
    3.4.2 相关函数 ………………………………………………………… 105
  3.5 Excel 综合实训 …………………………………………………………… 106

项目 4 PowerPoint 2016 演示文稿 ……………………………………………… 112

  4.1 项目提出 …………………………………………………………………… 112
  4.2 知识目标 …………………………………………………………………… 113
  4.3 项目实施 …………………………………………………………………… 113
    任务 1 PowerPoint 2016 的基本操作 ………………………………… 113
    任务 2 幻灯片的基本操作 ……………………………………………… 118
    任务 3 幻灯片的格式 …………………………………………………… 122
    任务 4 插入幻灯片元素 ………………………………………………… 132
    任务 5 自定义动画和幻灯片切换 ……………………………………… 141
  4.4 PowerPoint 综合实训 ……………………………………………………… 149

项目 5 因特网基础与简单应用 ………………………………………………… 154

  5.1 项目提出 …………………………………………………………………… 154
  5.2 知识目标 …………………………………………………………………… 154
  5.3 项目实施 …………………………………………………………………… 155
    任务 1 网上漫游 ………………………………………………………… 155
    任务 2 信息的搜索 ……………………………………………………… 163
    任务 3 使用 FTP 传送文件 ……………………………………………… 164
    任务 4 电子邮件 ………………………………………………………… 166
  5.4 因特网和 Outlook 综合实训 ……………………………………………… 176

项目 6 模拟练习(计算机等级考试一级真题) ……………………………… 177

  模拟练习 1 …………………………………………………………………………… 177
  模拟练习 2 …………………………………………………………………………… 179
  模拟练习 3 …………………………………………………………………………… 180
  模拟练习 4 …………………………………………………………………………… 182
  模拟练习 5 …………………………………………………………………………… 184
  模拟练习 6 …………………………………………………………………………… 186

模拟练习 7 ·· 189
模拟练习 8 ·· 192
模拟练习 9 ·· 195
模拟练习 10 ·· 198

附录 全国计算机等级考试一级计算机基础及 Microsoft Office 应用考试
    大纲(2021 年版) ··· 202

参考文献 ·· 205

项目 1

Windows 10 操作系统

Windows 10 是由微软公司开发的跨平台、跨设备的封闭性操作系统,应用于计算机和平板电脑等设备。Windows 10 贯彻了"移动为先,云为先"的设计思路,一云多屏,多个平台共用一个应用商店,应用统一更新和购买,是跨平台最广的操作系统。新系统的名称跳过了一个数字"9",标志着它实现了一个飞跃,旨在统一计算和移动设备体验。

Windows 10 在易用性和安全性方面有了极大的提升,除了针对云服务、智能移动设备、自然人机交互等新技术进行融合外,还对固态硬盘、生物识别、高分辨率屏幕等硬件进行了优化完善与支持。

Windows 10 操作系统分别面向不同用户和设备发布了 7 个版本,包括家庭版(Home)、专业版(Professional)、企业版(Enterprise)、教育版(Education)、移动版(Mobile)、移动企业版(Mobile Enterprise)和物联网核心版(IoT Core),其中专业版的功能最为丰富。本章介绍的均为基本的操作功能,基本上适用于所有版本。

1.1 项目提出

用户成功安装 Windows 10 操作系统以后,需要对系统进行一些个性化的设置,有些新特性在 Windows 7 系统上是从来没有使用过的。此外,在 Windows 10 操作系统中,对于文件和文件夹的管理、软硬件的管理、网络的配置以及对系统基本的维护和优化和 Windows 7 系统有些是不同的。为了更好地使用新系统的功能,读者需要对 Windows 10 操作系统做一个初步的了解。

1.2 知识目标

(1) 熟悉 Windows 10 操作系统。
(2) 掌握 Windows 10 桌面与任务栏的相关操作。
(3) 掌握 Windows 10 窗口的相关操作方法。
(4) 掌握 Windows 10 文件管理的相关操作方法。
(5) 掌握 Windows 10 控制面板的操作方法。
(6) 掌握 Windows 10 的网络配置方法。

1.3 项目实施

任务1 Windows 10 新体验

1. Windows 10 的软硬件基本要求

Windows 10 的安装同其他操作系统基本一样,能安装 Windows 7 的都可以安装 Windows 10,将 BIOS 设置为由光驱启动,然后使用安装光盘进行全新安装;也可以使用升级光盘,在 Windows 7 系统的基础上进行升级安装。但是一般不建议用户采用升级安装,最好能在一个单独的分区中进行全新安装。

Windows 10 对硬件的要求并不高,目前大部分机器都能够流畅地运行。安装 Windows 10 的基本硬件配置要求如表 1-1 所示。

表 1-1 安装 Windows 10 硬件基本配置要求

硬 件	基 本 要 求
处理器	1GHz 或更快的处理器或 SoC
RAM	1GB(32 位)或 2GB(64 位)
可用硬盘空间	16GB(32 位操作系统)或 20GB(64 位操作系统)
显卡	DirectX 9 或更高版本(包含 WDDM 1.0 驱动程序)
显示器分辨率	800×600 像素
软件环境	Windows 7、Windows 8、Windows 8.1
网络环境	需要建立 Internet 连接

2. Windows 10 的系统功能

Windows 10 采用全新的"开始"菜单,并且重新设计了多任务管理界面,界面类似苹果的 Mac OS X 系统,任务栏中出现了一个全新的按键:任务查看。桌面模式下可运行多个应用和对话框,并且还能在不同桌面间自由切换。Windows 10 的应用支持窗口化,这将让一些只有移动应用的开发商省去了再做一个 PC 版的烦恼。系统添加了虚拟桌面功能,当用户开启了数量众多的任务标签导致底部栏很满时,可以再新建一个虚拟桌面。

1)"开始"菜单的演变

单击屏幕左下角的 Windows 键打开"开始"菜单后,不仅会在左侧看到包含系统关键设置和应用程序的列表,还会在右侧看到标志性的动态磁贴。

用户可以将"开始"菜单拖动到一个更大的尺寸,甚至将其设置为全屏,如图 1-1 所示。

2)整合虚拟语言助理 Cortana

Windows 10 中引入了 Windows Phone 的小娜助手 Cortana,用户可以通过它搜索自己想要的硬盘内的文件,系统设置,已经安装的应用程序,甚至是互联网中的其他信息。

图 1-1 "开始"菜单

作为一款私人助手服务，Cortana 还能像在移动平台那样帮你设置基于时间和地点的备忘提醒，例如，"提醒明天 10 点开会"。

3）全新的 Edge 浏览器

为了赶上快速发展的 Chrome 和 Firefox 等浏览器，微软重新编写了浏览器代码，为用户带来更加精益、快速的 Edge 浏览器。全新的 Edge 浏览器虽然尚未发展成熟，但是它的确带来了很多便捷的功能，比如整合 Cortana 以及快速分享功能。

虽然微软的 Edge 在很多方面领先于 IE，不过仍然在某些地方有所缺失，例如如果需要运行 ActiveX 控件或者使用类似的插件，就依然需要依赖于 IE 浏览器。因此，IE 11 依然存在于 Windows 10 系统中。

4）虚拟桌面

按住键盘上的 Windows 键，再按 Tab 键，就可以看到当前所有已经打开窗口的预览图，并且在桌面的底部通过不同的方式显示。

如果单击加号按钮添加页面，一个空白的桌面便会出现。再打开某个应用程序，那么这个应用就会优先出现在这个页面上，如图 1-2 所示。

5）文件资源管理器升级

Windows 10 的文件资源管理器会在主页中显示常用的文件和文件夹，让用户可以快速获取自己需要的内容，如图 1-3 所示。

6）内置 Windows 应用商店

Windows 10 中包括一个全新的 Windows 应用商店，在这里可以下载桌面应用以及 Modern Windows 应用，这些应用程序是通用的，能够在 PC、手机、Xbox One 甚至是 HoloLens 中运行，而用户界面则会根据设备的屏幕尺寸而自动匹配，如图 1-4 所示。

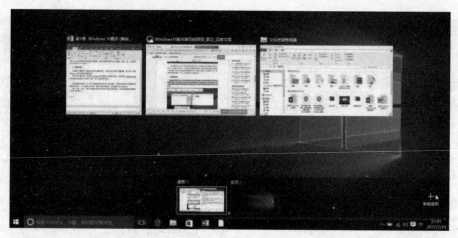

图 1-2　虚拟桌面

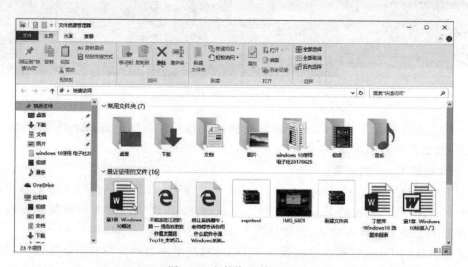

图 1-3　文件资源管理器

图 1-4　应用商店

7)自行安排重新启动的时间

在 Windows 10 安装完成后,系统会重新启动以完成更新。以往,系统会通过弹出的窗口告诉用户重启会在多少分钟后进行,在 Windows 10 中,系统会询问希望在多久之后进行重启。

8)连续性

Windows 10 能够根据运行设备的状态对用户界面进行适配,这一功能在很大程度上方便了变形设备的使用。用户可以在设置菜单中手动切换到新的平板模式,或者是改变变形设备的使用状态,例如移除键盘来达到相同的效果。

在平板模式下,系统界面将更加方便触控操作,原本的任务栏会变得更加简化,只剩一个 Windows 键、后退键、Cortana 键和任务视图键。此外,所有的窗口也会在全屏模式中运行,不过用户也可以将两个窗口 Snap 在屏幕上并排显示。

9)生物特征授权方式 Windows Hello

Windows 10 中采用了全新的个性化计算功能——Windows Hello。有了 Windows Hello,用户只需要露一下脸,动动手指,就能立刻被运行 Windows 10 的新设备所识别。除了常用的指纹扫描支持外,Windows 10 还允许用户通过面部或者是虹膜去登录 PC。当然,用户的设备需要具备全新的 3D 红外摄像头来支持这些新功能。

10)图形 API——DirectX 12

Windows 10 带来了最新版本的图形 API(应用程序编程接口)——DirectX 12,它提供了重大的性能改进,并且依旧能够对许多现有的显卡提供支持。DirectX 12 不仅对于游戏玩家来讲是好消息,它还能加速其他的图形类应用(如 CAD)。

11)手机伴侣

Windows 10 包含对手机进行快速设置的新应用。用户可以在 PC 上设置好自己所使用的微软服务,比如 Cortana、Skype、Office 和 OneDrive 等,然后接入手机进行数据和信息的同步。例如,用户可以接入 iPhone,然后将其中的照片备份到 OneDrive 中,也可以在 Android 手机中欣赏自己的 Xbox Music 专辑。

任务 2　个性化设置 Windows 10

Windows 10 是一个崇尚个性的操作系统,它不仅提供各种精美的桌面壁纸,还提供更多的外观选择、不同的背景主题和灵活的声音方案,让用户随心所欲地布置属于自己的个性桌面。

Windows 10 启动之后,即可看到整个计算机屏幕的桌面。桌面由桌面背景、桌面图标和任务栏组成,任务栏通常位于屏幕的底部,一般情况下任务栏从左向右依次显示的是"开始"按钮、搜索框、任务视图、快速启动区、系统图标显示区、通知区等,如图 1-5 所示。

1. 设置 Windows 10

1)桌面外观设置

个性化设置桌面外观的步骤如下。

(1)右击桌面空白处,在弹出的快捷菜单中选择"个性化"命令。

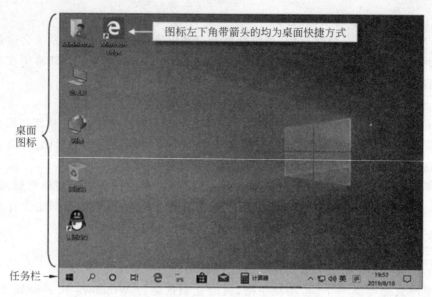

图 1-5　桌面

（2）在弹出的窗口的左侧列表中选择"背景"，在右侧窗格中可选择系统自带的图片，也可单击"浏览"按钮选择外部图片作为桌面背景图片，如图 1-6 所示。

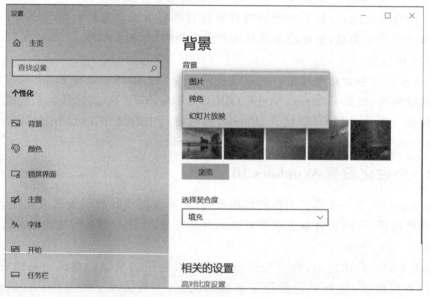

图 1-6　个性化桌面设置

2）屏幕保护程序设置

（1）右击桌面空白处，在弹出的快捷菜单中选择"个性化"命令。

（2）在弹出的窗口的左侧列表中选择"锁屏界面"，单击"屏幕保护程序设置"链接。

（3）在弹出的对话框中，设置屏幕保护程序为"气泡"，等待时间为 10 分钟，如图 1-7 所示。

图 1-7　屏幕保护程序设置

3）在桌面上添加"网络"图标

（1）右击桌面空白处，在弹出的快捷菜单中选择"个性化"命令，在弹出的窗口的左侧列表中选择"主题"，单击"桌面图标设置"链接。

（2）在弹出的"桌面图标设置"对话框中，选中"网络"复选框，如图 1-8 所示，然后单击"确定"按钮。

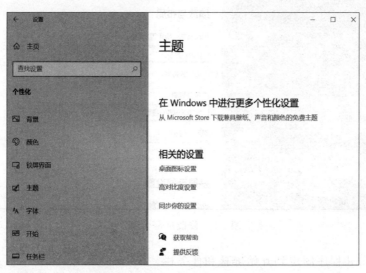

图 1-8　在桌面上添加"网络"图标

图 1-8（续）

4）修改屏幕分辨率

右击桌面空白处，在弹出的快捷菜单中选择"显示设置"命令，在弹出的窗口的左侧列表中选择"显示"，在分辨率列表中选择"1920×1080（推荐）"，如图 1-9 所示。

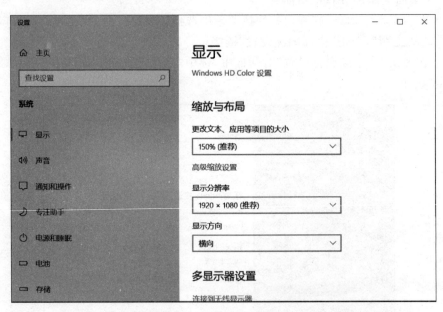

图 1-9 修改屏幕分辨率

5）将 Word 程序固定到开始屏幕和任务栏

（1）在"开始"菜单中找到 Word 程序。

(2) 在 Word 程序上右击，选择将其固定到开始屏幕。接着选择"更多"→"固定到任务栏"命令，如图 1-10 所示。

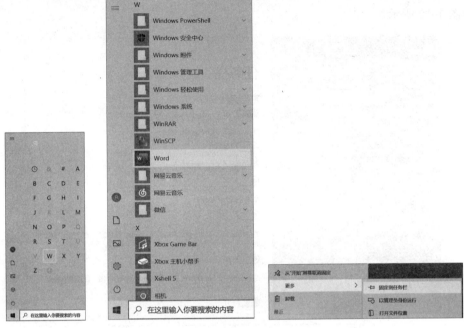

图 1-10　固定到任务栏

6) 设置"开始"菜单

设置"开始"菜单的步骤如下。

右击桌面空白处，在弹出的快捷菜单中选择"个性化"命令，在弹出的窗口的左侧列表中选择"开始"，然后设置相关属性的开关状态，如图 1-11 所示。

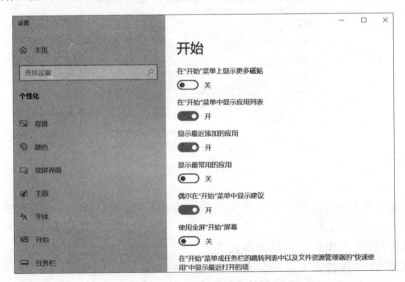

图 1-11　"开始"菜单属性设置

7) 任务栏属性设置

右击桌面空白处,在弹出的快捷菜单中选择"个性化"命令,在弹出的窗口的左侧列表中选择"开始",再选择"任务栏",或右击桌面任务栏弹出"任务栏"窗口,对任务栏进行设置,如图1-12所示。

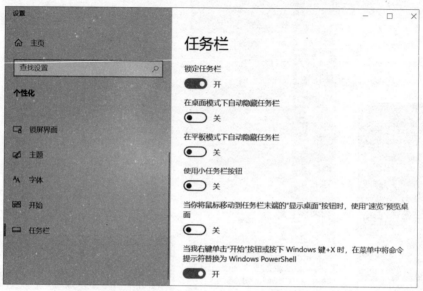

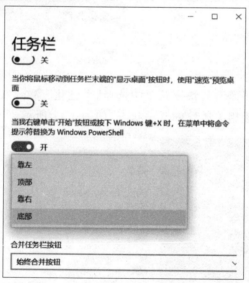

图1-12 任务栏

(1) 锁定任务栏后,任务栏的位置不能再改变;自动隐藏任务栏后,任务栏不再显示,只有当鼠标指针滑过时才出现。

(2) 单击"在桌面模式下自动隐藏任务栏"下的开关,可以隐藏任务栏。

(3) 单击"在平板模式下自动隐藏任务栏"下的开关,可以隐藏任务栏。

(4) 通过"屏幕上的任务栏位置"下拉列表,可以改变任务栏在桌面上的位置。

（5）通过"合并任务栏按钮"下拉列表，可以选择相同程序的多个任务图标（如多个 Word 文档）在任务栏中是否合并和隐藏等。

（6）可以通过直接拖动任务栏的空白处来调整任务栏的位置，拖动边线可以调整其高度。

2. 设置鼠标、键盘及汉字输入

1）设置鼠标

（1）依次选择"开始"按钮→"设置"→"设备"→"鼠标"，打开如图 1-13 所示的"鼠标"对话框。

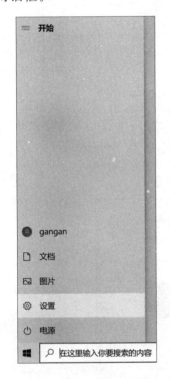
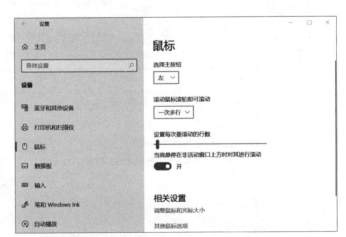

图 1-13　"鼠标"对话框

（2）在其中可以设置鼠标主按钮为左键或右键。

（3）设置滚动鼠标滚轮可滚动一次多行或一次一个屏幕。

（4）还可调整鼠标指针和光标大小，更改触摸回应，如图 1-14 所示。

（5）通过其他鼠标选项可自定义鼠标设置、双击速度、鼠标指针和移动速度等。例如，习惯用左手操作的用户要选中"切换主要和次要的按钮"复选框，如图 1-15 所示。

2）设置键盘及汉字输入

（1）依次选择"开始"→"设置"→"输入"→"更改键盘或其他输入法"命令，选择输入方式，打开如图 1-16 所示的对话框，在其中可以设置拼写检查及输入习惯等选项。

（2）选择"键盘和语言"选项，单击"更改键盘"按钮，打开"文本服务和输入语言"对话框，在其中可以选择默认输入语言、进行添加/删除输入语言等操作。

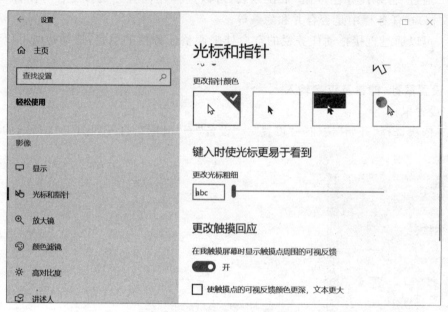

图 1-14 "光标和指针"对话框

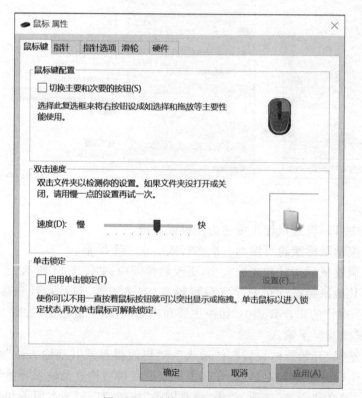

图 1-15 "鼠标 属性"对话框

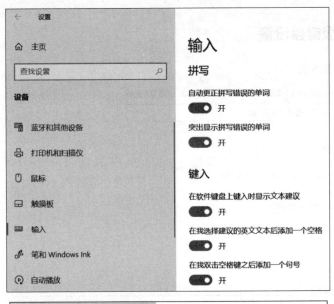

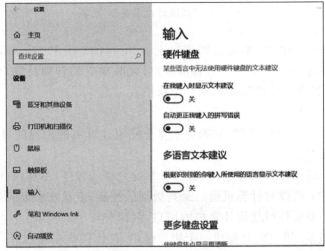

图 1-16 "输入"对话框

（3）选择"高级键设置"选项，可进行输入语言的热键设置，如不同输入法的切换按键、中/英文转换按键等，如图 1-17 所示。

3. 用户账户管理

Windows 10 是一个真正的多用户操作系统，它允许系统管理员设定多个用户，并赋予每个用户不同的权限，从而使各用户在使用同一台计算机时完全可以做到互不干扰。此外，Windows 10 通过对计算机安全策略的设置，保证管理员对其他的账户进行约束，使本地计算机的安全得到保障，从而也保证了信息安全，避免访问一些不该访问的信息。

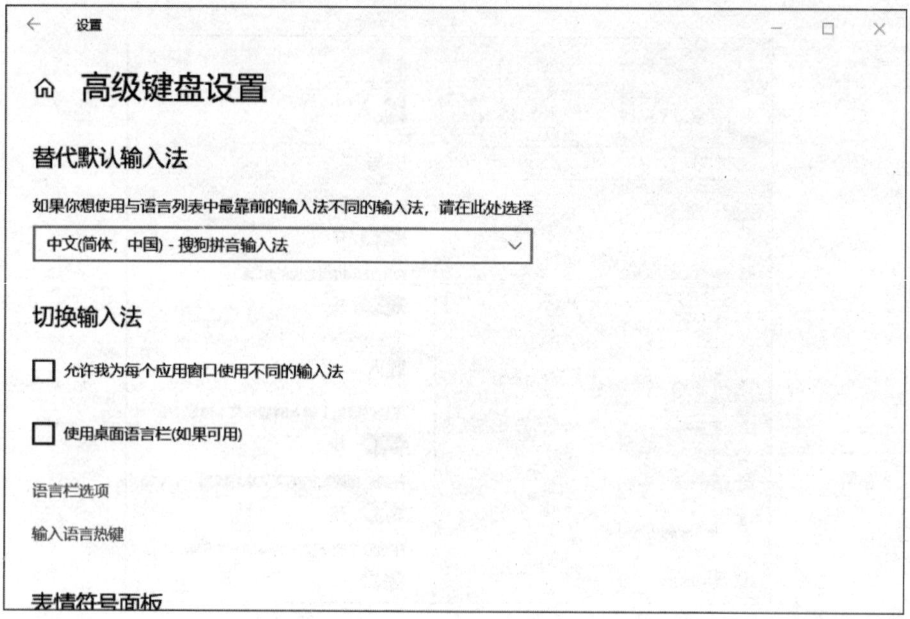

图 1-17 "高级键盘设置"对话框

在安装 Windows 10 时,系统会默认生成 Administrator 和 Guest 两个账户,在系统安装完成后还会要求用户建立一个管理员账户,此时建立的管理员账户拥有系统的最高权限,许多系统设置和操作都需要用到这个账户。

1) 创建用户账户

用户账户就像一个身份证明,它确定了每个使用计算机的用户的身份。Windows 10 提供了以下三类账户。

- 标准账户:适用于日常使用,只能运行系统允许的程序,不能执行管理任务。
- 管理员账户:可以对计算机进行最高级别的控制,但只在必要时才使用。
- 来宾账户:需要临时使用计算机的用户,仅拥有较小的权限。

在使用计算机前,用户需要创建一个用户账户,具体操作步骤如下。

(1) 选择"开始"→"Windows 系统"→"控制面板"命令,打开控制面板。

(2) 在"控制面板"窗口中将"查看方式"选择为"大图标",单击"用户账户",弹出如图 1-18 所示的"用户账户"窗口。

(3) 单击"管理其他账户"链接,弹出"管理账户"窗口。单击"在电脑设置中添加新用户"链接,在弹出的设置窗口中单击"将其他人添加到这台电脑"前的"+",如图 1-19 所示。

(4) 在"Microsoft 账户"窗口中单击"我没有这个人的登录信息"链接,如图 1-20 所示,然后继续单击"添加一个没有 Microsoft 账户的用户"链接。

2) 更改用户账户

进入"管理账户"窗口后,单击要更改的用户,在弹出的窗口中可对用户名、用户类型、密码等进行修改,也可以删除用户。

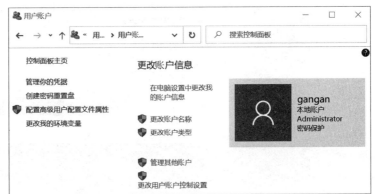

图 1-18 "用户账户"窗口

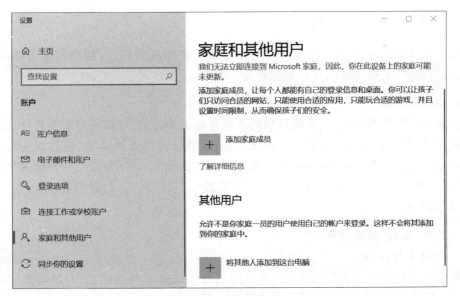

图 1-19 "家庭和其他用户"窗口

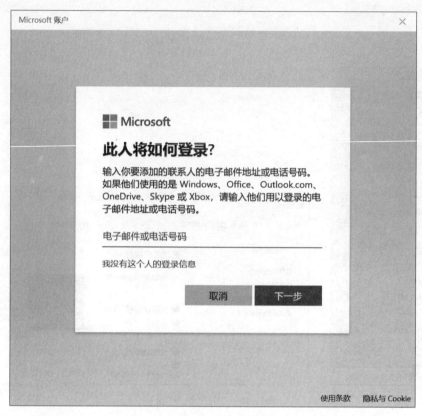

图 1-20 "Microsoft 账户"窗口

任务 3 管理文件和文件夹

在计算机系统中,所有的数据和信息都是以文件形式存储、管理和使用的,包括系统程序、应用程序、文档、图片、声音和视频等。

1. 资源管理器

资源管理器是 Windows 系统提供的资源管理工具,用户可以使用它查看计算机中的所有资源,特别是它提供的树状文件系统结构,能够让使用者更清楚、更直观地认识计算机中的文件和文件夹。Windows 10 资源管理器以新界面、新功能带给用户新的体验。

选择"开始"→"Windows 系统"→"文件资源管理器"命令,打开 Windows 10 资源管理器,如图 1-21 所示。

2. 新建、复制、移动文件(夹)

1) 新建文件(夹)

新建文件的方法主要有两种:一种是通过右键快捷菜单新建,另一种是在应用程序中新建。其中通过右键快捷菜单新建文件的步骤如图 1-22 所示。

(1) 在需要新建文件的窗口空白处右击,从弹出的快捷菜单选择"新建"→"Microsoft Word 文档"命令。

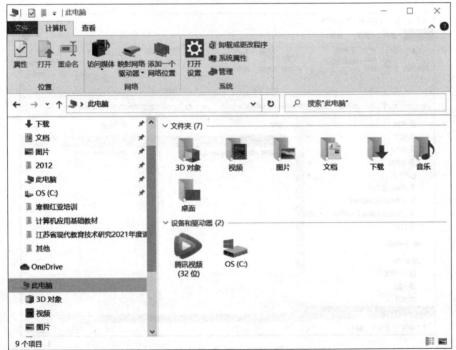

图 1-21　Windows 10 资源管理器

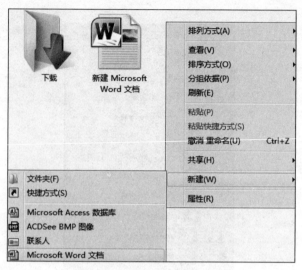

图 1-22　新建一个 Word 文档

（2）此时窗口中将自动新建一个名为"新建 Microsoft Word 文档"的文件。

（3）将"新建 Microsoft Word 文档"改为相应的名称，按 Enter 键即可完成新文件的创建和命名。

新建文件夹的方法也有两种：一种是通过右键快捷菜单新建，方法与新建文件相似；另一种是通过窗口工具栏上的"新建文件夹"按钮新建，如图 1-23 所示。

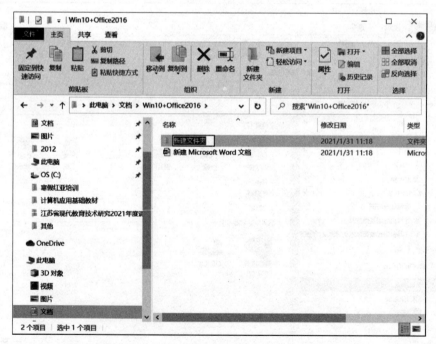

图 1-23　新建文件夹

2)复制文件(夹)

在日常操作中,经常需要对一些重要的文件(夹)备份,即在不删除原文件(夹)的情况下,创建与原文件(夹)相同的副本,这就是文件(夹)的复制。

复制文件(夹)的方法主要有以下 4 种。

(1)右击要复制的文件(夹),在快捷菜单中选择"复制"命令,然后打开要在其中建立副本的文件夹,右击,选择"粘贴"命令,如图 1-24 所示。

图 1-24　通过右键菜单实现文件(夹)的复制

(2)选择窗口工具栏上的"组织"下拉列表中的命令。

(3)按住 Ctrl 键,选择需要复制的文件(夹)后按住鼠标左键,拖动文件(夹)到目标位置后松开 Ctrl 键及鼠标左键即可。

(4)通过组合键实现复制。选中需要复制的文件(夹),按 Ctrl+C 键复制,进入目标位置,按 Ctrl+V 键粘贴文件(夹)。

3)移动文件(夹)

移动文件(夹)是指将文件(夹)从一个位置移动到另一个位置,原文件(夹)则被删除。移动文件(夹)的方式与复制类似,也能通过 4 种方法来实现,其中通过鼠标右键或窗口工具栏实现时将"复制"改为"剪切"即可,或者按住 Shift 键通过鼠标拖动实现,或者通过按 Ctrl+X 键和 Ctrl+V 键实现。

3. 重命名、删除、恢复文件(夹)

1)重命名文件(夹)

对于新建的文件或文件夹,系统默认的名称是"新建×××",用户可以根据需要对其重新命名,以方便查找和管理。重命名文件(夹)的方法主要有 3 种:①通过右键快捷菜单实现;②通过鼠标单击文件名实现;③通过窗口工具栏中的"组织"下拉列表中的命令实现。通过鼠标右键实现重命名操作如图 1-25 所示。

(1)右击需要重命名的文件(夹),在弹出的快捷菜单中选择"重命名"命令。

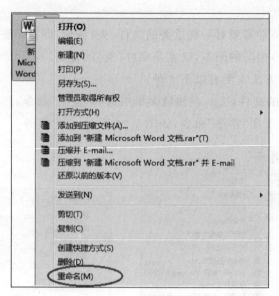

图 1-25　重命名文件

(2) 此时文件名称处于可编辑状态,直接输入新的文件名称,输入完成后在窗口空白区域单击鼠标或按 Enter 键即可。

2) 删除文件(夹)

为节省磁盘空间,可以将一些没有用的文件(夹)删除。文件(夹)的删除可以分为暂时删除(暂存到回收站里)和彻底删除(回收站不存储)两种,具体可以通过以下 4 种方法删除文件(夹)。

(1) 通过右键快捷菜单实现,在需要删除的文件(夹)上右击,在弹出的快捷菜单中选择"删除"命令,如图 1-26 所示。此时会弹出"删除文件夹"对话框,询问"您确实要把些文件(夹)放入回收站吗?",单击"是"按钮,即可将选中的文件(夹)放入回收站中。

(2) 选中要删除的文件(夹),选择窗口工具栏上的"组织""删除"命令。

(3) 选中要删除的文件(夹),按 Delete 键,在弹出的对话框中单击"是"按钮。

(4) 选中要删除的文件(夹),按住鼠标左键将其拖动到桌面上的"回收站"图标上。

上述 4 种方法都是暂时删除文件(夹),如果要彻底删除文件(夹),可以在进行上述操作的同时按住 Shift 键。

在"回收站"窗口中单击"清空回收站"按钮,可以彻底删除回收站中的所有项目。

3) 恢复文件(夹)

有时删除文件(夹)后发现该文件(夹)还有一些有用的信息,这时就要对其进行恢复操作。从回收站中将其恢复的具体操作如下。

(1) 双击桌面上的"回收站"图标。

(2) 在"回收站"窗口中选中要恢复的文件(夹),右击,选择"还原"命令,或者单击窗口工具栏上的"还原选定的项目"按钮,如图 1-27 所示。

图 1-26　通过鼠标右键删除文件（夹）

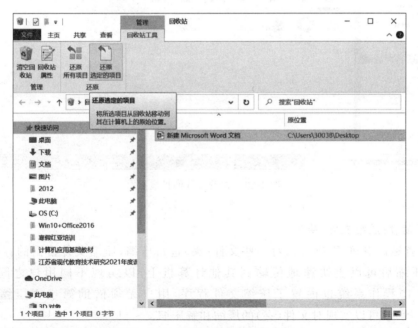

图 1-27　恢复已删除的文件（夹）

4. 查找文件和文件夹

计算机中的文件(夹)会随着时间的推移日益增多,想从众多文件中找到所需的文件则是一件非常麻烦的事情。为了省时省力,可以使用搜索功能查找文件。

1) 使用文件夹搜索框

通常情况下用户可能知道所要查找的文件(夹)位于某个特定的文件夹或库中,此时可使用"搜索"文本框搜索。"搜索"文本框位于每个文件夹窗口的顶部,它根据输入的文本筛选相关的文件。

要在文件夹中搜索文件,可打开相应文件夹,在顶部的"搜索"文本框中输入要查找的文件名称(或文件名称中的部分文字),按 Enter 键,系统将自动查找出该文件夹中名称中包含相应关键字的所有文件或文件夹。

2) 查看文件的扩展名

有时需要查看文件的类型,也就是查看文件的扩展名,具体操作步骤如下。

打开相应文件夹,选中"文件"选项卡"显示/隐藏"组中的"文件扩展名"复选框,如图 1-28 所示。

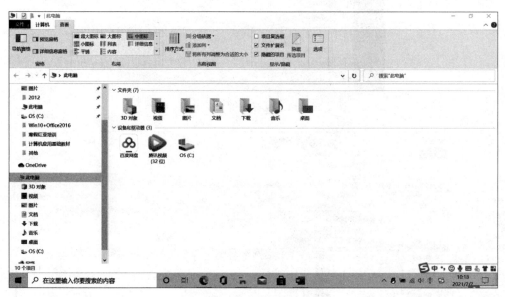

图 1-28　查看文件的扩展名

5. 压缩、解压缩文件(夹)

为节省磁盘空间,用户可以对一些文件(夹)进行压缩,压缩文件占据的存储空间较少,而且压缩后可以更快速地传输到其他计算机上,以实现不同用户之间的共享。Windows 10 操作系统也内置了压缩文件程序,用户无须借助第三方压缩软件(如 WinRAR 等)就可以实现对文件(夹)的压缩和解压缩。

压缩文件(夹)的操作步骤如下。

(1) 在要压缩的文件(夹),在弹出的快捷菜单中选择"发送到"→"压缩(zipped)文件夹"命令,如图 1-29 所示。

(2) 弹出"正在压缩"对话框,如图 1-30 所示,绿色进度条显示压缩的进度。

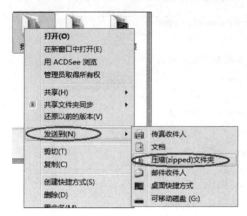

图 1-29　压缩文件(夹)

图 1-30　"正在压缩"对话框

(3)"正在压缩"对话框自动关闭后,可以看到窗口中已经出现了对应文件(夹)的压缩文件(夹),可以重新对其命名。

如果要向压缩文件中添加文件(夹),可以选中要添加的文件(夹),将拖动到压缩文件中即可;如果要解压缩文件,可以右击需要解压缩的文件,在弹出的快捷菜单中选择"全部提取"命令。

6. 隐藏文件和文件夹

如果想隐藏文件(夹),需要将想要隐藏的文件或文件夹设置为隐藏属性,然后对文件夹选项进行相应的设置。

1) 设置文件(夹)的隐藏属性

(1) 在需要隐藏的文件(夹)上右击,在弹出的快捷菜单中选择"属性"命令。

(2) 在弹出的文件(夹)属性对话框中选中"隐藏"复选框,如图 1-31 所示。

(3) 单击"确定"按钮,单击"将更改应用于此文件夹、子文件夹和文件"单选按钮,单击"确定"按钮。

2) 在文件夹选项中设置不显示隐藏文件

如果在文件夹选项中设置了显示隐藏文件,那么隐藏的文件将会以半透明状态显示。此时还是可以看到文件(夹),不能起到保护的作用,所以要在文件夹选项中设置不显示隐藏文件,具体步骤如下。

(1) 单击文件夹窗口工具栏中的"组织"→"文件夹和搜索选项"命令。

(2) 弹出"文件夹选项"对话框,切换到"查看"选项卡,如图 1-32 所示。

(3) 在"高级设置"列表框中选中"不显示隐藏的文件、文件夹或驱动器"单选按钮。

(4) 单击"确定"按钮。

如果要取消某个文件的隐藏属性,其操作正好和设置隐藏属性相反。

(1) 通过设置文件夹选项,显示所有文件。

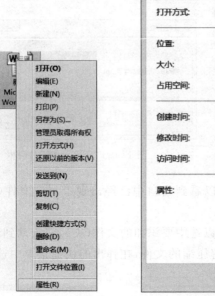
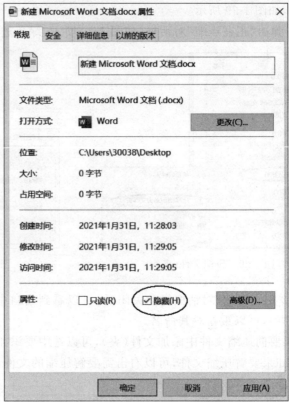

图 1-31　设置文件(夹)隐藏属性

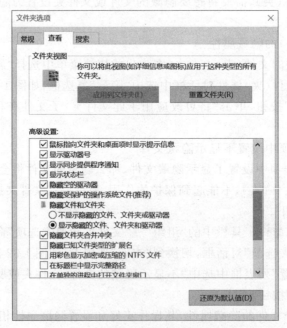

图 1-32　设置不显示隐藏文件(夹)

(2) 右击需要取消隐藏属性的文件(夹),选择"属性"命令,在弹出的对话框中取消选中"隐藏"复选框。

任务 4　管理软件和硬件

1. 程序管理

程序是计算机为了完成某一个任务所必须执行的一系列指令集合,程序通常以文件的形式保存在计算机的外存上。除了操作系统本身的程序外,读者还应该了解其他应用程序的启动、运行和退出的方法。

1) 应用程序的启动和退出

启动应用程序的方法主要有以下 4 种。

(1) 双击桌面上的应用程序图标。

(2) 单击"开始"按钮,在"开始"菜单中找到需要的应用程序快捷方式并单击。

(3) 选择"开始"→"Windows 系统"→"运行"命令,在弹出的"运行"对话框中输入要启动的应用程序全名,或单击"浏览"按钮,在磁盘中找到应用程序,再单击"确定"按钮。

(4) 使用"开始"菜单中的搜索框,在其中输入需要打开的应用程序名,然后在搜索结果中找到相应的应用程序并单击。

退出应用程序的方法通常有以下 6 种。

(1) 单击应用程序窗口右上角的"关闭"按钮 ❌ 。

(2) 在应用程序窗口的菜单栏中选择"文件"→"退出"命令。

(3) 按 Alt+F4 键。

(4) 双击窗口标题栏中的控制菜单按钮,或右击该按钮,在弹出的快捷菜单中选择"关闭"命令。

(5) 右击任务栏中的应用程序图标,选择"关闭窗口"命令。

(6) 当应用程序无法响应时,可以打开任务管理器,在"应用程序"选项卡中选择该应用程序后,单击"结束任务"按钮。

2) 应用程序的安装

目前,几乎所有应用程序的安装过程都非常相似,根据安装文件所处的位置不同,安装过程略有差异。

(1) 从硬盘安装。打开硬盘中的安装程序所在的目录,双击其安装文件(通常文件名为 setup.exe 或者"安装程序名.exe"),按安装向导的指示操作即可完成安装。

(2) 从 CD/DVD 安装。从 CD/DVD 安装的许多程序会自动启动程序的安装向导,如果没有自动启动,则需要打开 CD/DVD 光盘,找到 setup.exe 文件,双击并按提示操作。

(3) 从 Internet 安装。在 Web 浏览器中找到应用程序的安装程序,若要马上开始安装,则单击"运行"按钮;若要以后再安装,则先将安装文件下载至硬盘指定位置,之后双击该文件,并根据提示操作。

3) 应用程序的卸载

应用程序的卸载有以下两种方法。

(1) 使用应用程序自带的卸载程序。双击卸载程序,按照提示操作即可。

（2）使用控制面板。选择"开始"→"Windows 系统"→"控制面板"→"程序和功能"→"卸载程序"命令,打开"程序和功能"窗口,如图 1-33 所示。在该窗口中列出了计算机中已经安装的所有程序,双击要卸载的程序,在弹出的提示对话框中单击"是"按钮,可以对其进行卸载。

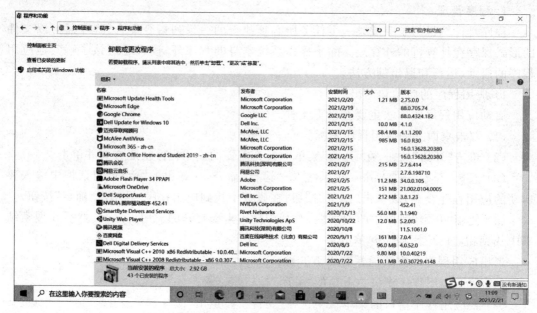

图 1-33 "程序和功能"窗口

2. 任务管理器

任务管理器可以显示计算机中当前正在运行的程序、进程和服务。此外,使用任务管理器还可以监视计算机的性能或者强制关闭没有响应的程序。如果计算机连接到网络,在任务管理器中还可以查看网络的工作状态。

1）任务管理器的启动

任务管理器的启动有以下 3 种方法。

（1）按 Ctrl+Shift+Esc 键。

（2）按 Ctrl+Alt+Delete 键,在下一步显示的界面中选择"启动任务管理器"命令。

（3）右击任务栏的空白处,在弹出的快捷菜单中选择"启动任务管理器"命令。

2）任务管理器的操作

如图 1-34 所示,任务管理器中显示出当前正在运行的应用程序列表。

（1）选定其中一个程序名,单击"结束任务"按钮,即可结束该程序的运行状态。一般用此方法关闭无法响应的应用程序。

（2）单击"切换至"按钮,可以将该程序窗口设为当前窗口。

（3）单击"新任务"按钮,在弹出的"创建新任务"对话框中输入应用程序的名称和路径,即可启动新任务。

图 1-34　任务管理器中的应用程序列表

如图 1-35 所示,"进程"选项卡中显示当前正在运行的进程,包括正在运行的应用程序和正在提供服务的系统进程。

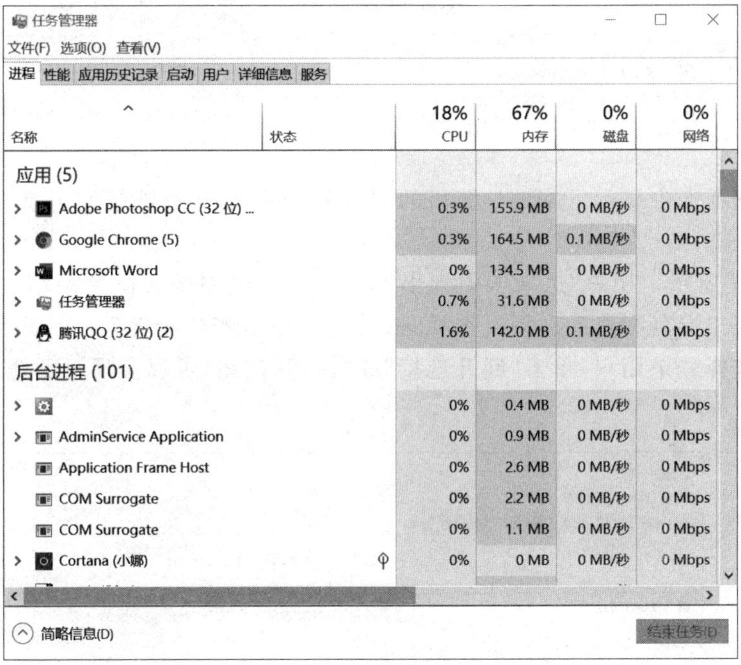

图 1-35　"进程"选项卡

"服务"选项卡可以用来查看当前正在运行的系统服务。若要查看是否存在与某个服务关联的进程,则右击该服务,在弹出的快捷菜单中选择"转到进程"命令。若"转到进程"命令显示变暗,则表示该服务当前已停止。

如图 1-36 所示,"性能"选项卡可以提供有关计算机如何使用系统资源的高级详细信息。其中"CPU 使用率"和"CPU 使用记录"两个图表显示当前及最近几分钟内 CPU 的使用情况。如果"CPU 使用记录"图表有多个,则说明计算机具有多个 CPU,或者有一个双核的 CPU,或者两者都有。"内存"和"物理内存使用记录"两个图表显示正在使用的内存数量(以 MB 为单位)。在任务管理器的底部还列出了正在使用的物理内存的百分比。

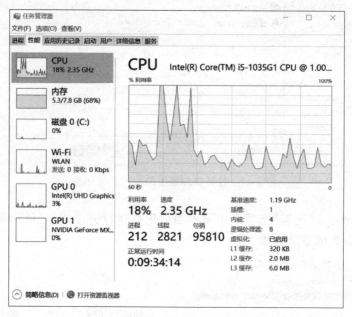

图 1-36 "性能"选项卡

"联网"选项卡中显示了本地计算机的网络通信情况,包括网络使用率、线路速度和网络适配器的状态。

如图 1-37 所示,"用户"选项卡中列出了当前计算机中所有已登录用户的名称列表、标识、状态、客户端名和会话类型。选择"选项"→"显示账户全名"命令,可以查看登录用户的全名。选择登录用户,单击"断开连接"或"注销"按钮,可以实现对已登录用户的管理和控制。

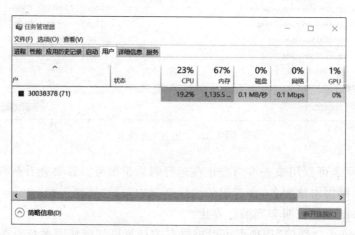

图 1-37 "用户"选项卡

3. 硬件管理

要想在计算机上正常运行硬件设备，必须安装设备驱动程序。设备驱动程序是可以实现计算机与设备通信的特殊程序，它是操作系统和硬件之间的桥梁。在 Windows 10 中，驱动程序不再运行在系统内核中，而是加载在用户模式下，这样可以解决由于驱动程序错误而导致的系统运行不稳定问题。

Windows 10 通过设备界面管理所有和计算机连接的硬件设备。在 Windows 10 中，几乎所有硬件设备都是以自身实际外观显示的，以便于用户操作。

这里以打印机为例介绍硬件的安装和使用。

1）添加打印机

第一次使用打印机前需要添加打印机，操作步骤如下。

（1）将打印机电缆连接到正确的计算机端口上。

（2）将打印机电源插入电源插座，并打开打印机，这时 Windows 10 将检测即插即用打印机。在很多情况下用户不需要做任何操作就可以安装它，如果出现"发现新硬件向导"，应选中"自动安装软件（建议）"复选框，并单击"下一步"按钮，然后按指示操作。

2）打印机共享

如果希望在一个局域网中共享一台打印机，供多个用户联网使用，则可以添加网络打印机，步骤如下。

（1）选择"开始"→"设备"→"打印机和扫描仪"命令，进入"打印机和扫描仪"界面，如图 1-38 所示。

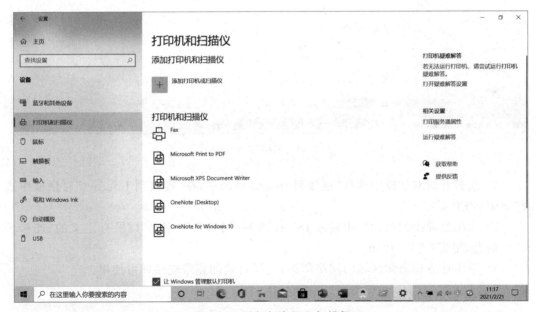

图 1-38 添加打印机和扫描仪

（2）在"打印机和扫描仪"界面上方单击"添加打印机和扫描仪"链接，弹出"打印机和扫描仪"界面，在此界面中可添加本地打印机或网络打印机，选择"添加网络、无线或

Bluetooth 打印机"命令。

（3）系统将自动搜索与本机联网的所有打印机设备，并以列表形式显示。选择所需打印机型号，系统会自动安装该打印机的驱动程序。

成功安装打印机驱动程序后，系统会自动连接并添加网络打印机。

任务 5　配置 Windows 10 的网络

在 Windows 10 中，几乎所有与网络相关的操作和控制程序都在"网络和共享中心"界面中，通过简单的可视化操作命令，用户可以轻松连接到网络。

1. 连接到宽带网络（有线网络）

（1）单击"Windows 设置"→"网络与 Internet"命令，打开"网络和共享中心"界面，在"更改网络设置"下单击"设置新的链接或网络"链接，如图 1-39 所示。

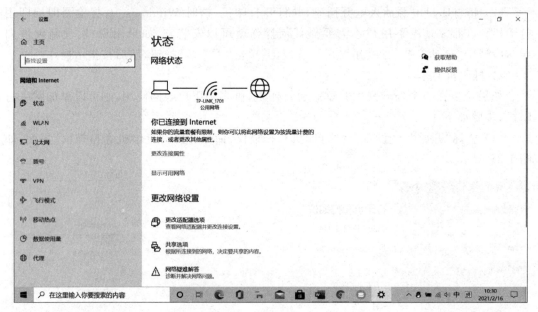

图 1-39　网络与 Internet

（2）在打开的对话框中选择"连接到 Internet"选项，在"连接到 Internet"对话框中选择"宽带（PPPoE）"命令。

（3）在随后弹出的对话框中输入 ISP 提供的"用户名""密码"以及自定义的"连接名称"等信息，单击"连接"按钮。

（4）单击任务栏通知区域的网络图标，选择自建的宽带连接即可使用。

2. 连接到无线网络

如果安装 Windows 10 系统的计算机具有无线网卡，则可以通过无线网络连接进行上网，具体操作如下。

单击任务栏通知区域的无线网络图标，在弹出的"无线网络连接"界面中双击需要连接的网络，如图 1-40 所示。如果无线网络设有密码，则需要输入密码。

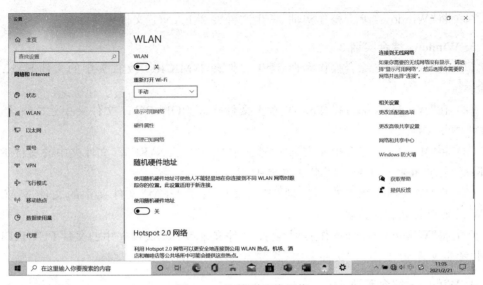

图 1-40　连接到无线网络

1.4　Windows 综合实训

1. Windows 综合实训 1

（1）将"Windows 综合操作实训\考生文件夹 1\TURO"文件夹中的文件 POWER.DOC 册除。

（2）在"Windows 综合操作实训\考生文件夹 1\KIU"文件夹中新建一个名为 MING 的文件夹。

（3）将"Windows 综合操作实训\考生文件夹 1\INDE"文件夹中的文件 GONG.TXT 设置为只读和隐藏属性。

（4）将"Windows 综合操作实训\考生文件夹 1\SOUP\HYR"文件夹中的文件 ASER.FOR 复制到"考生文件夹\PEAG"文件夹中。

（5）搜索"Windows 综合操作实训\考生文件夹 1"下的文件 READ.EXE，为其建立一个名为 READ 的快捷方式，放在考生文件夹下。

2. Windows 综合实训 2

（1）将"Windows 综合操作实训\考生文件夹 2\LI\QIAN\YANG"文件夹复制到"考生文件夹\WANG"文件夹中。

（2）将"Windows 综合操作实训\考生文件夹 2\TIAN"文件夹中的文件 ARJ.EXP 设置成只读属性。

（3）在"Windows 综合操作实训中\考生文件夹 2\ZHAO"文件夹中建立一个名为 GIRL 的新文件夹。

（4）将"Windows 综合操作实训\考生文件夹 2\SHEN\KANG"文件夹中的文件 BIAN.ARJ 移动到"考生文件夹\HAN"文件夹中，并改名为 QULIU.ARJ。

(5) 将"Windows 综合操作实训\考生文件夹 2\FANG"文件夹删除。

3. Windows 综合实训 3

(1) 将"Windows 综合操作实训\考生文件夹 3\MICRO"文件夹中的文件 SAK.PAS 删除。

(2) 在"Windows 综合操作实训\考生文件夹 3\POP\PUT"文件夹中建立一个名为 HUM 的新文件夹。

(3) 将"Windows 综合操作实训\考生文件夹 3\CO0N\FEW"文件夹中的文件 RAD.FOR 复制到"考生文件夹\ZUM"文件夹中。

(4) 将"Windows 综合操作实训\考生文件夹 3\UEM"文件夹中的文件 MACRO.NEW 设置成隐藏和只读属性。

(5) 将"Windows 综合操作实训\考生文件夹 3\MEP"文件夹中的文件 PGUP.FIP 移动到"考生文件夹\QEEN"文件夹中,并改名为 NEPA.JEP。

4. Windows 综合实训 4

(1) 将"Windows 综合操作实训\考生文件夹 4\EDIT\POPE"文件夹中的文件 CENT.PAS 设置为隐藏属性。

(2) 将"Windows 综合操作实训\考生文件夹 4\BROAD\BAND"文件夹中的文件 GRASS.FOR 删除。

(3) 在"Windows 综合操作实训\考生文件夹 4\COMP"文件夹中建立一个新文件夹 COAL。

(4) 将"Windows 综合操作实训\考生文件夹 4\STUD\TEST"文件夹中的文件夹 SAM 复制到"考生文件夹\KIDS \CARD"文件夹中,并将文件夹改名为 HALL。

(5) 将"Windows 综合操作实训\考生文件夹 4\CALIN\SUN"文件夹中的 MOON 文件夹移动到"考生文件夹\LION"文件夹中。

项目 2

Word 2016 文字处理

Office 2016 是微软推出的办公软件集合,其中包括了 Word、Excel、PowerPoint、OneNote、Outlook、Skype、Project、Visio 以及 Publisher 等组件和服务。

Word 2016 是 Office 2016 套件中的核心组件之一,它是一个功能强大的文字处理软件,使用它不仅可以进行简单的文字处理,还能制作出图文并茂的文档,以及进行长文档的排版和特殊版式编排等操作。

2.1 项目提出

打开"Word 素材\Word 项目\WORD"文件,参考图 2-1 所示的样张,按下列要求进行操作。

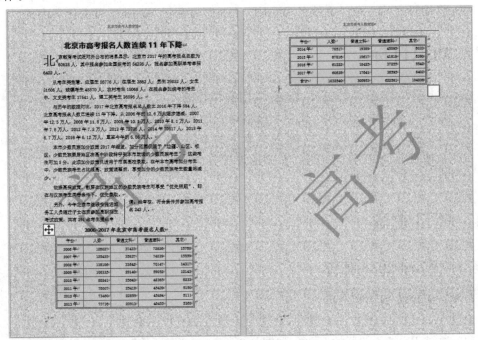

图 2-1　Word 样张

(1) 将页面设置 A4(21 厘米×29.7 厘米),每页 40 行、每行 38 个字符。

(2) 将第一行文字"北京市高考报名人数连续 11 年下降"设置为文章标题,并设置其格式为小二号、微软雅黑、加粗、居中。文字间距加宽 1.5 磅。文本效果为"黑色"、填充为"文字 1",并填充阴影,阴影效果为"外部"下的"偏移:右上",阴影颜色为红色(标准色)。

(3) 将正文第一段首字下沉设为 2 行、距正文 0.2 厘米。将正文其余段落设置为首行缩进 2 字符,字体为小四号。段落格式设置为 1.25 倍行距、段前间距 0.5 行。

(4) 在页脚插入"普通数字 1"样式页码,设置页码编号格式为"-1-、-2-、-3-、…",起始页码为"-3-"。在页眉插入空白型页眉,页眉内容为文档主题。

(5) 将页面的填充效果设置为"纹理/新闻纸",为页面添加内容为"高考"的文字型水印,水印颜色为红色(标准色)。

(6) 将正文最后一段("另外……43 人。")分为等宽两栏、栏间添加分隔线。

(7) 将文中最后 13 行文字转换成一个 13 行 5 列的表格。在表格下方添加一行,并在该行首列单元格中输入"合计",在该行其余单元格中利用公式分别计算相应列的合计值。设置表格居中,表格第 1 行和第 1 列的内容水平居中、其余单元格内容中部右对齐。设置表格列宽为 2.5 厘米、行高为 0.7 厘米、表格中所有单元格的左、右边距均为 0.25 厘米。将表格第 1 行设置为表格的"重复标题行"。

(8) 设置表格外框线和第 1、第 2 行间的内框线为红色(标准色)、0.75 磅双窄线、其余内框线为红色(标准色)、0.5 磅单实线。设置表格底纹颜色为主题颜色"绿色,个性色 6,淡色 80%"。

(9) 将编辑好的文章以文件名 WORD.Docx)另存于 Word 项目文件夹中。

2.2 知识目标

(1) 掌握 Word 2016 的打开、新建、关闭和保存的方法。
(2) 掌握文本的输入、修改,文本及段落格式的设置方法。
(3) 掌握插入形状、图片、文本框及艺术字的方法。
(4) 掌握页面设置、修饰,页眉、页脚的设置方法。
(5) 掌握图文混排的方法。

2.3 项目实施

任务 1 Word 2016 基础

1. Word 2016 启动和退出

启动 Word 2016 的方法有多种,常用的启动方法有以下两种。

(1) 通过 Windows"开始"菜单,如图 2-2 所示,选择"开始"→"所有程序"→Microsoft Office→Word 命令启动 Word 程序。

项目 2　Word 2016 文字处理

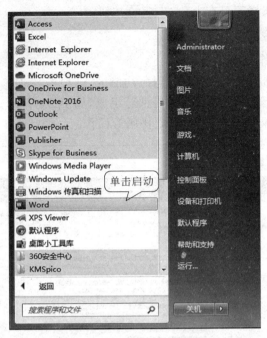

图 2-2　Word 2016 的启动

（2）如果安装 Office 2016 时在桌面创建有应用程序图标，可以双击桌面的 Word 图标 来启动 Word。

通过以上两种方式打开 Word 后，会自动创建一个名为"文档 1"的空白 Word 文档，如图 2-3 所示。

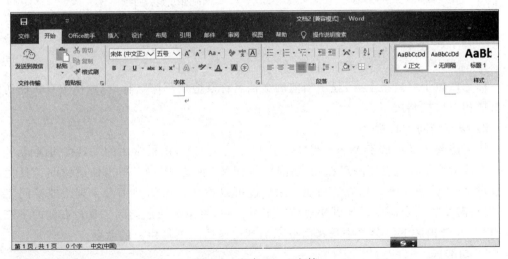

图 2-3　空白 Word 文档

Word 2016 的退出方式有以下 3 种。
（1）选择"文件"选项卡中的"退出"命令。

(2) 单击 Word 文档窗口右上角的 × 按钮。

(3) 按 Alt+F4 键。

2. Word 2016 工作界面

Word 窗口由标题栏、快速访问工具栏、功能区、选项卡、编辑窗口、状态栏、视图切换按钮、窗口控制按钮、滚动条、缩放滑块等部分组成,如图 2-4 所示。在 Word 编辑窗口中可以对创建或打开的文档进行各种编辑、排版等操作。

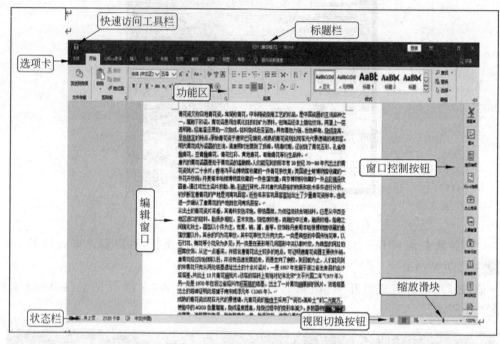

图 2-4　Word 2016 窗口及其组成

1) 标题栏

标题栏位于窗口最上方,显示当前的文档名称及应用程序名称,标题栏上有快速访问工具栏和窗口控制按钮。

2) 快速访问工具栏

快速访问工具栏位于 Word 2016 工作界面的左上角,由最常用的工具按钮组成。

默认情况下仅包含"保存"按钮、"撤销"按钮和"恢复"按钮。单击快速访问工具栏上的按钮,可以快速实现其相应的功能。用户也可以添加自己的常用命令到快速访问工具栏;如果需要将某个命令添加到快速访问工具栏中,可单击快速访问工具栏右侧的下三角按钮 ,在弹出的下拉菜单中选择需要添加到快速访问工具栏上的命令。

3) 功能区

Word 文档编辑时需要用到的命令位于此处。功能区是水平区域,就像一条带子,启动 Word 后分布在 Office 软件的顶部,如图 2-5 所示。工作所需的命令将分组在一起,且位于选项卡中,如"开始"和"插入"。通过单击选项卡来切换显示的命令集。

图 2-5　功能区

4）选项卡

为了便于浏览,功能区中设置了多个围绕特定方案或对象组织的选项卡。在每个选项卡中,都将通过组把一个任务分解为多个子任务,来完成对文档的编辑。

常用的选项卡有"文件""开始""Office 助手""插入""设计""布局""引用""邮件""审阅"和"视图"和"帮助"等。

当文档中插入如表格、形状、图片等对象时,则会在标题栏中添加相应的工具栏及选项卡。例如在文档中插入图片后,该文档的标题栏中将出现"图片工具|格式"选项卡。

"文件"选项卡位于所有选项卡的最左侧,Word 文档编辑时的基本命令都位于此处,如"新建""打开""关闭""共享""另存为"和"打印"。

5）编辑窗口

编辑窗口显示当前正在编辑的文档。编辑区是 Word 窗口最主要的组成部分,可以在其中输入文档内容,并对文档进行编辑操作。该区域用来输入文字、插入图形或图片,以及编辑对象格式等操作。新建的 Word 文档中,编辑区是空白的,仅有一个闪烁的光标(称为插入点)。插入点就是当前编辑的位置,它将随着输入字符位置的改变而改变。

6）状态栏

状态栏显示正在编辑的文档的相关信息。在文档的状态栏中,分别显示了该文档的状态内容,包括当前页数/总页数、文档的字数、校对错误的内容、设置语言、设置改写状态、视图显示方式和调整文档显示比例。

7）视图切换按钮

视图切换按钮用于更改正在编辑的文档的显示模式以符合用户的要求。

8）滚动条

滚动条用于调整正在编辑的文档的显示位置。

9）缩放滑块

缩放滑块用于调整正在编辑的文档的显示比例设置。拖动"显示比例"中的滑块调整文档的缩放比例,或者单击"缩小"按钮和"放大"按钮,即可调整文档缩放比例。

3. Word 的视图

屏幕上显示文档的方式称为视图,Word 提供了"页面视图""阅读视图""Web 版式视图""大纲"和"草稿"等多种视图。不同的视图模式分别从不同的角度、按不同的方式显示文档,并适应不同的工作特点。因此,采用正确的视图模式,将极大地提高工作效率。

单击"视图"选项卡,选择"视图"组中的适当选项,即可完成各种视图间的切换,也可单击状态栏右侧的视图按钮切换视图。

1) 页面视图

页面视图是 Word 中最常见的视图之一，它按照文档的打印效果显示文档。由于其可以更好地显示排版的格式效果，因此常用于文本、格式或版面外观修改等操作，如图 2-6 所示。

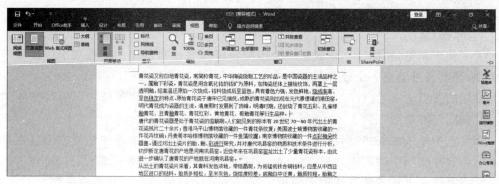

图 2-6　页面视图

在页面视图方式下，可直接看到文档的外观以及图形、文字、页眉和页脚、脚注、尾注在页面上的精确位置以及多栏的排列效果，用户在屏幕上就可以很直观地看到文档打印在纸上的样子。页面视图能够显示出水平标尺和垂直标尺，用户可以通过鼠标操作移动图形、表格等在页面上的位置，并可以对页眉、页脚进行编辑。

2) 阅读视图

Word 2016 对阅读视图进行了优化设计，以该视图方式来查看文档，可以利用最大的空间来阅读或者批注文档。另外，还可以通过该视图，选择以文档在打印页上的显示效果进行查看。

单击"视图"选项卡，单击"视图"组中的"阅读视图"按钮，或者单击状态栏内的"阅读视图"按钮，即可切换至阅读视图中。

3) Web 版式视图

在 Web 版式视图中可以显示页面背景，每行文本的宽度会自动适应文档窗口的大小。该视图与文档存为 Web 页面并在浏览器中打开看到的效果一致，适合在屏幕上查看文档。

4) 大纲视图

在大纲视图中，除了显示文本、表格和嵌入文本的图片外，还可显示文档的结构。它可以通过拖动标题来移动、复制和重新组织文本；还可以通过折叠文档来查看主要标题，或者展开文档以查看所有标题及正文内容，从而使用户能够轻松地查看整个文档的结构，方便对文档大纲进行修改，如图 2-7 所示。

转入大纲视图模式后，系统会自动在文档编辑区上方打开"大纲显示"选项卡。通过单击该选项卡中的"显示级别"右侧的下拉按钮，可决定文档显示至哪一级别标题。

5) 草稿视图

草稿视图与 Web 版式视图一样，都可以显示页面背景，但不同的是它仅能将文本宽

项目 2　Word 2016 文字处理

图 2-7　大纲视图

度固定在窗口左侧。

任务 2　Word 的基本操作

创建新文档分为一般创建方法和利用模板创建两种方法。

1. 一般创建办法

启动 Word 2016 程序后,将自动创建一个名为"文档 1"的新文档。如果已经启动了 Word 2016 程序,需要创建另外的新文档,可以选择"文件"→"新建"→"空白文档"命令,如图 2-8 所示。

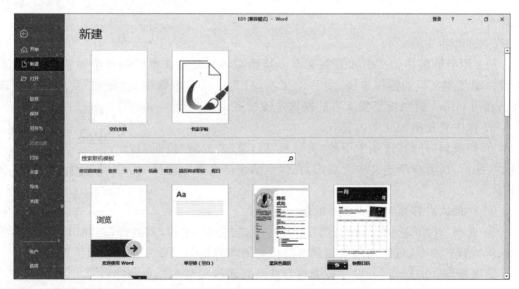

图 2-8　创建新文档

2. 利用模板创建

用户可以根据需要在该列表中选择不同的模板,并且当选择其中一个模板时,即可在右侧预览框中对该模板进行预览。

任务3　编辑文档

1. 文本输入

新建一个空白文档后,就可输入文本了。在窗口工作区的左上角有一个闪烁着的黑色竖条｜称为插入点,它表明输入字符将出现的位置。输入文本时,插入点自动后移,若需要进入一个新段落,直接按 Enter 键即可。Word 有自动换行的功能,当输入到每行的末尾时不必按 Enter 键,Word 就会自动换行。

1) 输入文本和删除文本

(1) 输入文本。输入文本是 Word 中的一项基本操作。当新建一个 Word 文档后,在文档的开始位置将出现一个闪烁的光标,称为插入点,在 Word 中输入的文本都会在插入点后出现。当定位了插入点的位置后,选择一种输入法即可开始文本的输入。

文本的输入模式可以分为两种:插入模式和改写模式。在 Word 2016 中,默认的文本输入模式为插入模式。在插入模式下,用户输入的文本将在插入点的左侧出现,而插入点右侧的文本将依次向后顺延;在改写模式下,用户输入的文本将依次替换输入点右侧的文本。

(2) 删除文本。删除一个字符或汉字最简单的方法是:将插入点移到此字符或汉字的左边,然后按 Delete 键可逐字删除;或者将插入点移到此字符或汉字的右边,然后按 Backspace 键可逐字删除。

要删除几行或一大块文本时,可选定要删除的该块文本,然后按 Delete 键。

如果删除之后想恢复所删除的文本,那么只要单击快速访问工具栏中的"撤销"按钮即可。

2) 移动和复制文本

(1) 用剪贴板移动文本和复制文本。移动文本和复制文本的操作步骤基本相同,下面仅介绍复制文本的操作步骤,要移动文本,只需将以下步骤中的"复制"变成"剪切"即可。利用 Office 剪贴板复制文本的操作步骤如下。

① 选中要复制的文本内容。

② 切换到"开始"选项卡下的"剪贴板"组,单击"复制"按钮,如图 2-9 所示,或者在所选文本上右击,在弹出的快捷菜单中选择"复制"命令。

图 2-9　"剪贴板"组

③ 将插入点移至要插入文本的新位置。

④ 选择"开始"选项卡,在"剪贴板"组中单击"粘贴"按钮,或右击,在弹出的快捷菜单中选择"粘贴"命令,可将刚刚复制到剪贴板上的内容粘贴到插入点所在的位置。

重复步骤④的操作,可以在多个地方粘贴同样的文本。

(2) 用鼠标拖动实现移动文本和复制文本。当用户在同一个文档中进行短距离的文本复制或移动时,可使用拖动的方法。由于使用拖动方法复制或移动文本时不经过剪贴板,因此这种方法要比通过剪贴板交换数据简单一些。用鼠标拖动的方法移动或复制文本的操作步骤如下。

① 选定需要移动或复制的文本。

② 将鼠标指针移到选中的文本内容上,鼠标指针变成形状。

③ 按住鼠标左键拖动文本,如果把选中的内容拖到窗口的顶部或底部,Word 将自动向上或向下滚动文档。将其拖动到合适的位置上后释放鼠标,即可将文本移动到新的位置。

④ 如果需要复制文本,则按住 Ctrl 键不放拖动鼠标,将其拖到合适的位置上后松开鼠标左键,即可复制所选的文本。

3) 插入符号

如果需要输入符号,可以切换到"插入"选项卡,在"符号"组内单击"公式"按钮、"符号"按钮或"编号"按钮,可输入特殊编号、运算公式、符号等,也可以单击"符号"组中的"符号"按钮后,执行"其他符号"命令,在弹出的"符号"对话框选择"特殊字符"选项卡,可输入更多的特殊符号。

【操作要求】 打开"Word 素材\Word 项目"中的 WORD 文档,在第一段的开始处插入特殊符号"✡"。

打开 WORD 文档,将光标定位在文章第一段开始处,切换到"插入"选项卡,在"符号"组内单击"符号"按钮,执行"其他符号"命令,如图 2-10 所示,在弹出的"符号"对话框中选择✡符号即可,用原文件名保存该文档。

4) 插入日期和时间

【操作要求】 打开"Word 素材\Word 项目"中的 WORD 文档,在最后一段的末尾处插入今天的日期,格式为××××年××月××日星期×。

打开 WORD 文档,将光标定位在文章的最后,切换到"插入"选项卡,在"文本"组内单击"日期和时间"按钮,如图 2-11 所示,在弹出的对话框中选中相应的日期格式即可,用原文件名保存该文档。

图 2-10 "其他符号"命令

图 2-11 "日期和时间"按钮

5) 插入脚注和尾注

脚注和尾注是对文档中的引用、说明或备注等附加注解。

在编写文章时,经常需要对一些从别人的文章中引用的内容、名词或事件附加注解,这称为脚注或尾注。Word 提供了插入脚注和尾注的功能,可以在指定的文字处插入注释。脚注和尾注都是注释,脚注一般位于页面底端或文字下方。尾注一般位于文档结尾或节的结尾。

编辑脚注或尾注:双击某个脚注或尾注的引用标记,打开"脚注或尾注"窗格,然后在窗格中对脚注或尾注进行编辑操作。

删除脚注或尾注：双击某个脚注或尾注的引用标记，打开"脚注或尾注"窗格，然后在窗格中选定脚注或尾注号后按 Delete 键。

【操作要求】 打开"Word 素材\Word 项目"中的 WORD 文档，在第一段的"高考"后面插入 the entrance examination for college 脚注。

（1）打开 WORD 文件，将光标定位在第一段的"高考"文字后面，切换到"引用"选项卡，单击"脚注"组中的"插入脚注"命令，如图 2-12 所示。

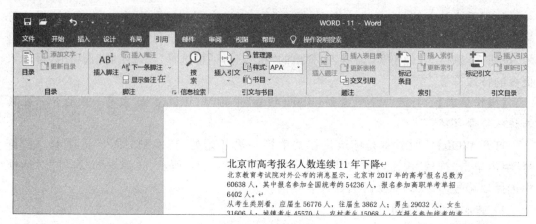

图 2-12　插入脚注

（2）光标会直接跳到第一页的最下面，如图 2-13 所示，然后直接输入脚注内容 the entrance examination for college 即可。

图 2-13　插入脚注内容

2. 查找与替换文本

查找与替换是文档处理中一个非常有用的功能。Word 允许对文字甚至文档的格式查找和替换，使查找与替换的功能更加强大有效。Word 强大的查找和替换功能，使得在整个文档范围内进行枯燥的修改工作变得十分迅速和有效。

【操作要求】 打开"Word 素材\Word 项目"中的 WORD 文档，将正文中所有的"高考"文字格式设置为红色、加着重号。

（1）打开 WORD 文件，将光标定位在第一段的开始位置处，切换到"开始"选项卡，单击"编辑"组中的"替换"命令，弹出"查找和替换"对话框，如图 2-14 所示。

（2）在"查找内容"框中输入被替换的"高考"字样。

（3）在"替换为"框中输入要替换的"高考"字样。

（4）选中"替换为"框中的"高考"，单击"更多"按钮，在弹出的对话框中单击"格式"按钮，设置字体的格式：颜色为红色，加着重号，单击"确定"按钮，然后在"搜索"下拉列表框中选择"向下"，再单击"全部替换"按钮。

（5）在弹出的"替换了 6 处。是否从头继续搜索？"提示对话框中单击"否"按钮。

（6）单击"取消"按钮，关闭"查找和替换"对话框，用原文件名保存该文档。

图 2-14 查找和替换设置

任务 4　格式化文本

1. 文字格式的设置

设置文字的格式是对文档进行排版美化的最基本操作,其中包括对文本的字体、字号、字形、字体颜色和字体效果等属性进行设置。

【操作要求】　打开"Word 素材\Word 项目"中的 WORD 文档,将第 1 行文字"北京市高考报名人数连续 11 年下降"设置为文章标题。设置标题文字格式为小二号、微软雅黑、加粗、居中,文字间距加宽 1.5 磅,文本效果为"黑色"、"文字 1"填充,阴影效果为"外部"下的"偏移:右上",阴影颜色为红色(标准色)。

(1) 打开 WORD 文件,将第 1 段"北京市高考报名人数连续 11 年下降"设置为文章标题,然后选中标题,切换到"开始"选项卡,单击"字体"组右下角的对话框启动按钮,弹出"字体"对话框。

(2) 在"字体"选项卡中,设置字体微软雅黑、小二号字、加粗、居中对齐,如图 2-15 所示。在"高级"选项卡中设置字符间距为加宽 1.5 磅,如图 2-16 所示,用原文件名保存该文档。

(3) 在"高级"选项卡下单击"文字效果"按钮,设置文本效果格式。在"文本填充"中设置纯色填充,颜色为黑色,"文字 1"填充,如图 2-17 所示。然后在"文字效果"下选择"阴影",修改阴影效果为"外部"下的"偏移:右上"、颜色为红色(标准色)。用原文件名保存该文档。

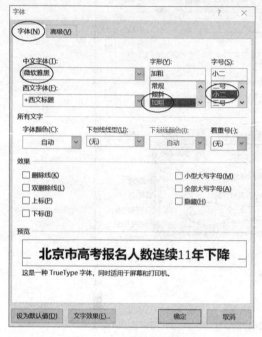
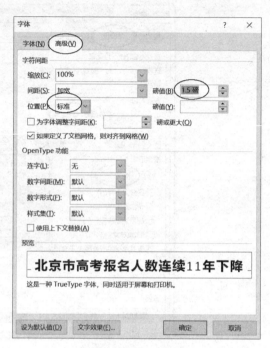

图 2-15 "字体"选项卡　　　　　图 2-16 "高级"选项卡

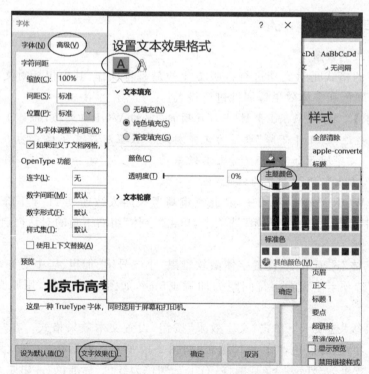

图 2-17 文本效果设置

2. 段落的格式设置

【操作要求】 打开 WORD 文档,设置正文第 1 段文字首字下沉 2 行、距正文 0.2 厘米。其余段落设置为首行缩进 2 字符,字体为小四号、宋体,段落格式为 1.25 倍行距、段前间距 0.5 行。

1) 设置段落格式

(1) 打开 WORD 文档,将光标定位在文章第 1 段的开始位置,切换到"插入"选项卡,单击"文本"组中的"首字下沉"命令下的箭头,弹出"首字下沉"对话框。设置下沉为 2 行,距正文 0.2 厘米,如图 2-18 所示。

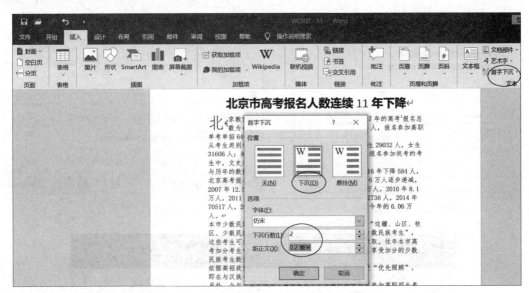

图 2-18 "首字下沉"命令

(2) 选择其他所有段落,切换到"开始"选项卡,单击"段落"组右下角的 按钮,弹出"段落"对话框。在"段落"对话框中选择"缩进和间距"选项卡,在"特殊格式"选项组中设置首行缩进 2 字符,如图 2-19 所示,用原文件名保存该文档。

(3) 选择除第一段外的其他所有段落,切换到"开始"选项卡,单击"字体"组右下角的 按钮,弹出"字体"对框。在"字体"对话框中选择"字体"选项卡,在"字号"选项组中设置字号为"小四",如图 2-20 所示,用原文件名保存该文档。

2) 边框和底纹

【操作要求】 打开 WORD1 文档,为文章设置 3 磅标准色-红色页面边框,为第 1 段设置 1.5 磅"标准色-蓝色"带阴影边框,填充标"准色-黄色"底纹。

(1) 打开 WORD1 文件,选择第 1 段。切换到"开始"选项卡,单击"段落"组中的"下框线"右侧的 按钮,在弹出的下拉列表中选择所需要的边框线样式,或者直接单击"边框和底纹"命令,如图 2-21 所示。

(2) 弹出"边框和底纹"对话框。选择"边框"中的"阴影",然后选择颜色"标准色-蓝色",设置宽度 1.5 磅。在"页面边框"选项卡中选择颜色为"标准色-红色",边框宽度为 3 磅,

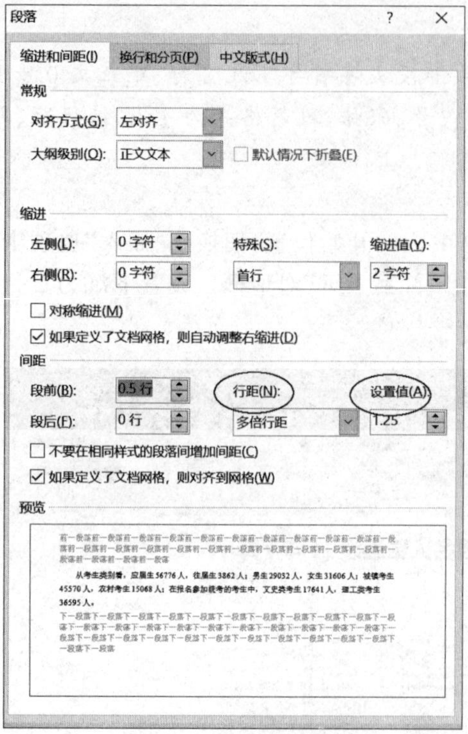

图 2-19　段落设置

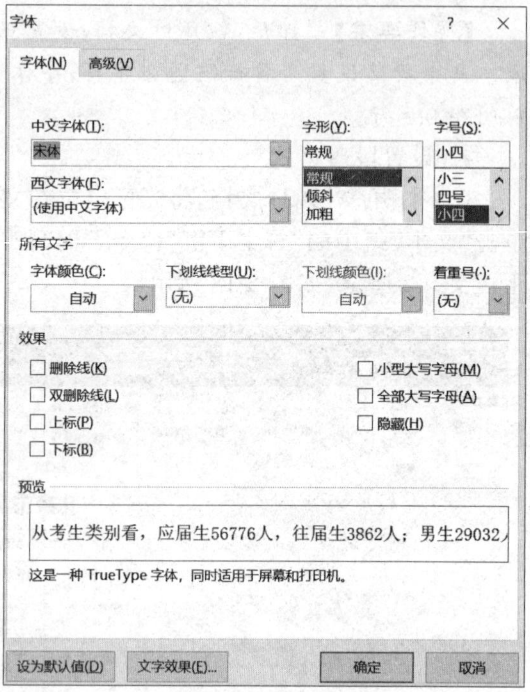

图 2-20　字号设置

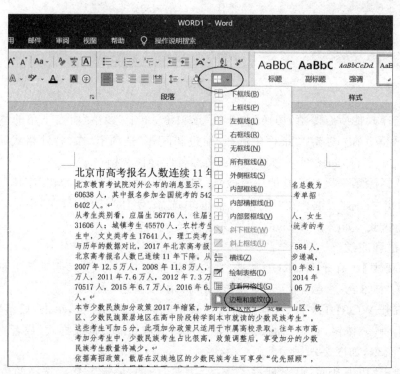

图 2-21　定义边框和底纹设置

如图 2-22 所示。在"底纹"选项卡中设置填充为"标准色-黄色"。单击"确定"按钮,用原文件名保存该文档。

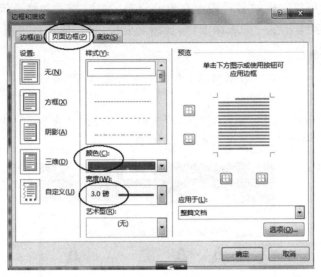

图 2-22　边框和底纹设置

3）项目符号和编号

如果需要在文档中插入项目符号与编号,可以先定位到需要加入的位置,然后切换到"开始"选项卡,单击"段落"组中的"项目符号"旁边的 按钮,如图 2-23 所示。根据实际需求选择相应的符号。如果需要新定义项目符号需要选择"定义新项目符号"命令,再进行个性化的设置。

选择"定义新项目符号"命令后,弹出"定义新项目符号"对话框,如图 2-24 所示。单击"符号"按钮,在弹出的对话框中选择需要的符号,然后可以对符号的字体进行个性化设置。单击"字体"按钮,在弹出的对话框中选择字体颜色,单击"确定"按钮保存该文档即可。

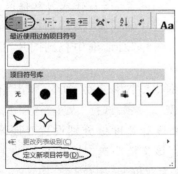

图 2-23　项目符号设置

图 2-24　"定义新项目符号"对话框

任务5　图文混排

在 Word 中,可以实现对各种图形对象的绘制、缩放、插入和修改等多种操作,还可以把图形对象与文字结合在一个版面上,实现图文混排,轻松地设计出图文并茂的文档。

1. 插入艺术字

【操作要求】　打开 WORD1 文档,为文章加入艺术字"普通高考",采用第二行第二列样式,并设置艺术字四周型环绕方式。

(1) 打开 WORD1 文档,切换到"插入"选项卡,单击"文本"组中的"艺术字"按钮,在弹出的下拉列表中选择第二行第二列样式,如图 2-25 所示。

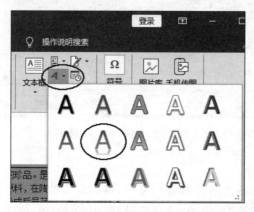

图 2-25　艺术字字形设置

注意:单击"艺术字"按钮以后,菜单栏会多出一个"绘图工具|格式"选项卡,对艺术字的字体、字形、样式的修改都可以通过该选项卡进行操作。

(2) 在弹出的虚线文本框中输入"普通高考"文字,然后选择该虚线框并右击,在弹出的快捷菜单中选择"环绕文字"→"四周型"命令。艺术字的大小可以通过拖动虚线框进行调整,用原文件名保存该文档。

2. 插入图片和剪贴画

【操作要求】　打开 WORD1 文档,参考样张,在正文适当位置插入图片"图片.jpg",设置图片高度为 5 厘米、宽度为 6 厘米,环绕方式为四周型,图片样式为双框架、黑色。

(1) 打开 WORD1 文档,将光标定位到要插入图片的位置,然后切换到"插入"选项卡,单击"插图"组中的"图片"按钮,在弹出的"插入图片"对话框中找到图片"图片.jpg",选择图片,单击"确定"按钮。

(2) 选中图片,右击,在弹出的快捷菜单中选择"大小和位置"命令,弹出"布局"对话框。选择"文字环绕"选项卡,选择环绕方式"四周型"。然后选择"大小"选项卡,取消选中"锁定纵横比"和"相对原始图片大小"复选框,在高度和宽度处分别设置 5 厘米、6 厘米,如图 2-26 所示。单击"确定"按钮,用原文件名保存该文档。选中图片,右击,在弹出的快捷菜单中选择"设置图片格式"命令,设置图片样式为双框架、黑色。

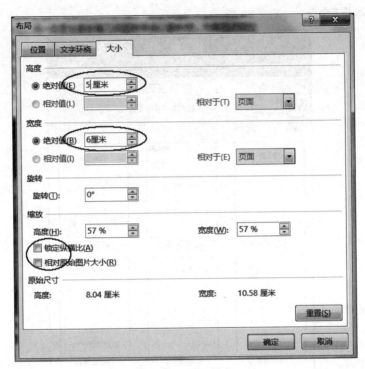

图 2-26 图片设置

(3) 在搜索栏中输入剪贴画的文字和类型。

注意：若要添加多张图片，按住 Ctrl 键的同时单击要插入的图片，然后单击"插入"按钮。

在 Word 中，插入剪贴画和插入图片一样，操作步骤如下。

(1) 在"插入"选项卡中单击"插图"组中的"剪贴画"按钮。

(2) "剪贴画"任务窗格将会显示在 Word 工作区的右边。

(4) 单击"搜索"按钮，如图 2-27 所示，即可找到所需的剪贴画（如环境），读者可以自行操作。

3. 插入文本框

【操作要求】 打开 WORD1 文档，参考样张，在正文适当位置插入文本框，在其中添加文字"全国普通高考"。文字格式为：幼圆、二号字、加粗，形状无轮廓，文本轮廓颜色为"标准色-深蓝"，环绕方式为紧密型。

(1) 打开 WORD1 文件，切换到"插入"选项卡，单击"文本"组中的"文本框"按钮，在弹出的下拉列表中选择

图 2-27 插入剪贴画

"绘制横排文本框"命令,如图 2-28 所示。

图 2-28　文本框样式

(2) 当鼠标指针变成十字形状时,找到合适的位置按住鼠标左键不放拖动绘制出合适大小的文本框,然后在文本框中直接输入文字"全国普通高考"。此时功能区中会多出一个"绘图工具|格式"选项卡,可以对文本框的样式、形状、方向、大小等进行个性化设置。

(3) 选中文本框并右击,选择"设置形状格式"命令,设置文本轮廓颜色为"标准色-深蓝",环绕方式为紧密型,然后保存文件。

4. 插入 Word 表格

在 Word 文档中插入表格可以使内容简明,且方便直观。表格由一行或多行单元格组成,用于显示数字和其他项以便快速引用和分析。

将光标置于要插入表格的地方,切换到"插入"选项卡,单击"表格"组中的"表格"按钮,在弹出的下拉列表中,根据需要拖动鼠标选择表格的行数与列数,如图 2-29 所示;也可以选择"表格"下拉列表中的"插入表格"命令,然后输入需要的行数与列数。除上述两种方法外,也可以选择"绘制表格"命令,根据实际需要完成表格的绘制工作。

选择"插入"选项卡,单击"表格"组中的"表格"按钮,执行"快速表格"命令,然后选择要应用的表格样式,如图 2-30 所示。

图 2-29　插入表格的方式　　　　图 2-30　使用快速表格插入内置表格样式

完成表格的创建之后，可以对表格中的数据格式及对齐方式进行设置，也可以对表格外观设置边框和底纹，增强视觉效果。

设置字体格式时，将光标移动至表格上方时在左上角会出现✥按钮，单击该按钮可以选中整个表格。然后在"开始"选项卡的"字体"组中设置字体、字号、字体颜色、加粗、下画线等属性。

设置表格对齐方式时，将光标移动至表格上方时左上角会出现✥按钮，单击该按钮可以选中整张表格。然后在"表格工具|布局"选项卡中单击"对齐方式"组中相应的按钮，来设置文字对齐方式。

添加边框时，将光标移动至表格上方时左上角会出现✥按钮，单击该按钮可以选中整张表格。然后在"表格工具|设计"选项卡的"表格样式"组中单击"边框"按钮，选择"边框和底纹"命令，在弹出的"边框和底纹"对话框中进行设置。

添加底纹时，首先选择要添加底纹的表格区域，然后选择"表格工具|设计"选项卡，单击"表格样式"组中的"底纹"按钮，选择所需颜色即可。也可以选中要添加底纹的表格区域，右击，选择"边框和底纹"命令，在弹出的对话框选择"底纹"选项卡，单击"填充"按钮，选择一种颜色即可。

【操作要求】　打开 WORD 文档，将文中最后 13 行文字转换成一个 13 行 5 列的表格。在表格下方添加一行，并在该行首单元格中输入"合计"。在该行其余单元格中利用公式分别计算相应列的合计值。设置表格居中，表格第 1 行和第 1 列的内容水平居中，其余单元格内容中部右对齐。设置表格列宽为 2.5 厘米、行高为 0.7 厘米，表格中所有单元格的左、右边距均为 0.25 厘米。将表格第 1 行设置为表格的"重复标题行"。

(1) 打开 WORD 文档,切换到"插入"选项卡,单击"表格"组中下拉按钮,选择将文本转换为表格,如图 2-31 所示。

(2) 将鼠标指针移动至表格上方时,表格左上角会出现✥按钮,单击该按钮选中整张表格。右击出现快捷菜单,选择"插入"→"在下方插入行"命令,完成在表格最下方添加新的一行表格。然后在该行首单元格中输入"合计",在该行其余单元格中利用求和公式分别计算相应列的合计值。

(3) 设置表格对齐方式时,先选中整张表格。然后切换到"表格工具|布局"选项卡,单击"对齐方式"组中相应的按钮设置文字对齐方式。

(4) 选中整张表格,右击,在出现的快捷菜单国选择"表格属性"命令,设置表格列宽为 2.5 厘米、行高为 0.7 厘米,表格中所有单元格的左、右边距均为 0.25 厘米。再将表格的第 1 行设置表格的"重复标题行"。

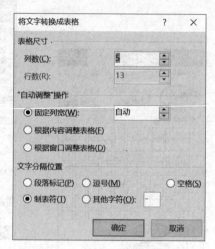

图 2-31 将文字转换成表格

【操作要求】 打开 WORD 文档,在上一步表格的设置基础上设置表格外框线和第一、二行间的内框线为红色(标准色)0.75 磅双窄线、其余内框线为红色(标准色)0.5 磅单实线;设置表格底纹颜色为主题颜色"绿色,个性色 6,淡色 80%"。

(1) 选中整张表格,右击,在出现的快捷菜单中选择"表格属性"命令,在"边框与底纹"选项卡中设置表格外框线和第 1、第 2 行间的内框线为红色(标准色)、0.75 磅双窄线,其余内框线为红色(标准色)、0.5 磅单实线,如图 2-32 所示。

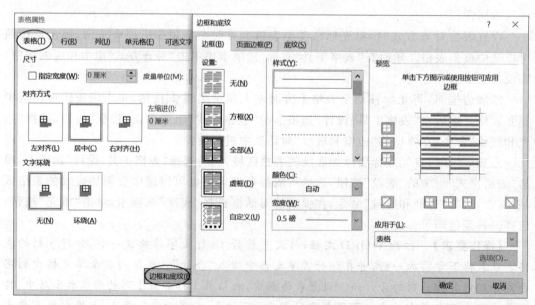

图 2-32 表格边框与底纹的的设置

（2）在"底纹"选项卡中将底纹颜色设置为主题颜色"绿色，个性色6，淡色80％"，如图2-33所示。

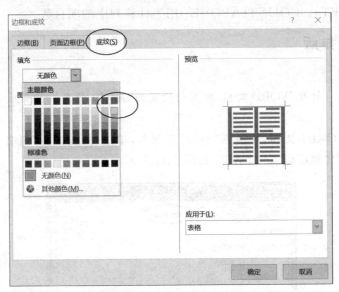

图2-33　表格底纹的的设置

5．表格数据的排序和计算

1）数据排序

对数据进行排序并非Excel的专利。在Word 2016中同样可以对表格中的数字、文字和日期数据进行排序操作，操作步骤如下。

打开Word 2016文档窗口，在需要进行数据排序的Word表格中单击任意单元格。在"表格工具|布局"选项卡中单击"数据"组中的"排序"按钮，在"列表"组中选中"有标题行"单选按钮。如果选中"无标题行"单选按钮，则Word表格中的标题也会参与排序。

2）数据计算

Word提供了对表格数据一些诸如求和、求平均值等常用的统计计算功能。操作步骤如下。

（1）打开Word 2016窗口，将插入点移到存放数据计算结果的单元格中。切换到"表格工具|布局"选项卡，单击"数据"组中的"公式"按钮。打开"公式"对话框，如图2-34所示。

图2-34　"公式"对话框

(2) 在"公式"文本框中输入＝SUM(LEFT),表明要计算左边各列数据的总和;输入＝SUM(ABOVE)就表示对本列上面所有数据求和。如果要计算其平均值,可输入＝AVERAGE(LEFT)。COUNT(ABOVE)用于计算列中的项目数。

任务6　高级排版

1. 页面设置

【操作要求】　打开 WORD 文档,将页面设置为"A4(21 厘米×29.7 厘米)",每页 40 行,每行 38 个字符。

(1) 打开 WORD1 文档,切换到"布局"选项卡,单击"页面设置"组右下角的对话框启动器按钮,弹出"页面设置"对话框,如图 2-35 所示。

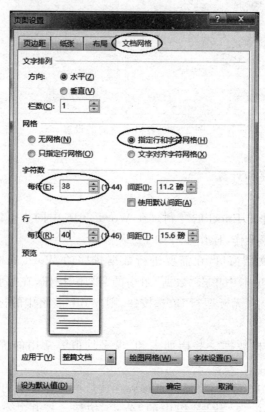

图 2-35　"页面设置"对话框

(2) 在"页面设置"对话框的"纸张"选项卡下的"纸张大小"下拉列表框中选择 A4 选项;在"文档网格"选项卡下选中"指定行和字符网格"单选按钮;在"字符数"中设置每行 38 字,在"行"中设置每页 40 行,如图 2-35 所示。然后单击"确定"按钮,用原文件名保存该文档。

2. 添加页面修饰

【操作要求】　打开 WORD 文档,在所有页的页脚插入页码,页码样式为"普通数字

1"，编号格式为"-1-、-2-、-3-、…"、起始页码为"-3-"。在所有页面设置页眉，页眉内容为文档主题。将页面的填充效果设置为"纹理/新闻纸"。为页面添加内容为"高考"的文字型水印，水印颜色为"标准色-红色"。

（1）打开 WORD 文档，切换到"插入"选项卡。单击"页眉和页脚"组中的"页码"，弹出下拉菜单，选择"页面底端"选项，选择"普通数字 1"类型，然后在"页码格式"对话框进行如图 2-36 所示的设置。

（2）打开 WORD 文档，切换到"插入"选项卡。单击"页眉和页脚"组中的"页眉"，选择"内置空白型"，输入页眉内容为文档主题。

（3）切换到"设计"选项卡，在"页面背景"组中单击"页面颜色"，然后选择"填充效果"命令，在打开的对话框中选择"填充效果"选项卡，如图 2-37 所示，选择"纹理"组下的"蓝色面巾纸"，单击"确定"按钮。

图 2-36　页码设置

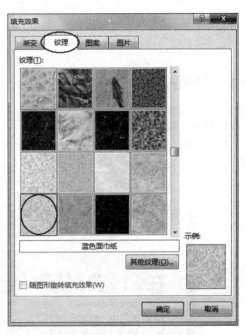

图 2-37　页面填充效果设置

3. 设置分栏效果

【操作要求】　打开 WORD 文档，参考样张，将正文最后一段分为等宽两栏，栏间加分隔线。

（1）打开 WORD 文档，选定最后一段文字，在"布局"选项卡的"页面设置"组中单击"栏"按钮，在弹出的下拉列表中选择"更多分栏"命令，弹出如图 2-38 所示的"栏"对话框。

（2）在"预设"选项组中选择"两栏"，选中"分隔线"复选框，单击"确定"按钮。

（3）选择"文件"→"另存为"命令，弹出"另存为"对话框，输入文件名 WORD，设置文件类型为"Word 文档"。

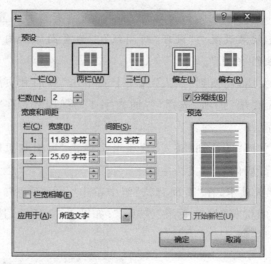

图 2-38 分栏设置

2.4 Word 综合实训

1. Word 综合实训 1

打开"Word 素材\Word 综合实训"文件夹中的 WORD1.DOCX 文件,参考如图图 2-39 所示的样章,按下列要求进行操作,在操作完成后以原文件名(WORD1.DOCX)保存文档。

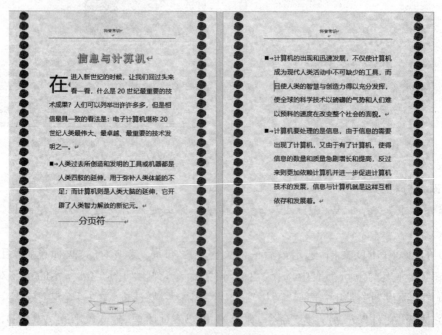

图 2.39 综合实训 1 样张

(1) 对文中所有内容进行繁简转换。调整文字方向为"水平"、纸张方向为"纵向"。设置文档页面的纸张大小为"16 厘米×24 厘米"(宽度×高度),上、下页边距各为 3.1 厘米。为文档添加空白型页眉,利用"文档部件"在页眉内容处插入文档的"备注"信息。在页面底端插入"带状物型页码,设置页码编号格式为连续罗马数字、起始页码为 IV。设置页面的填充效果为"纹理/羊皮纸"。为页面左、右两侧添加 20 磅宽红果样式的艺术型边框。

(2) 将标题段文字("信息与计算机")的字体格式设置为二号、黑体、加粗、字符间距加宽 3 磅;段落格式设置为居中、段后间距 1 行;文本效果设置为"填充-白色""轮廓-着色 2""清晰阴影-着色 2"。

(3) 设置正文各段落("在进入……发展着。")的字体格式为四号、微软雅黑;段落格式为 1.25 倍行距、段前间距 0.5 行;设置正文第一段("在进入……发明之一。")首字下沉 2 行(距正文 0.2 厘米);为正文其余段落("人类……发展着。")添加样式为"■"的项目符号;在正文第二段("人类……新纪元。")和第三段("计算机的出现……面貌。")之间插入分页符。

2. Word 综合实训 2

打开"Word 素材\Word 综合实训"中的文档 WORD2.DOCX,参考如图 2-40 所示的样张,按照要求完成下列操作并以原文件名(WORD2.DOCX)保存文档。

2001 年 11 月 1 日全球主要市场指数一览

指数名称	最新指数	涨跌值	涨跌幅(%)
纳斯达克指数	1690	22.79	1.367
恒升指数	10158	84.88	0.8426
日经指数	10347	-19.06	-0.1839
金融时报指数	5025	-14.40	-0.2857
道琼斯指数	9075	-46.84	-0.5135
法兰克福指数	4506	-53.04	-1.1634

图 2-40 综合实训 2 样张

(1) 将文中后 7 行文字转换成一个 7 行 3 列的表格。在表格右侧增加 1 列,输入列标题""涨跌幅(%)。分别按公式"涨跌幅=100×涨跌值/(最新指数-涨跌值)"在新增列相应单元格内填入涨跌幅。"涨跌值"列依据数字类型降序排列。设置表格居中,表格中第 1 行和第 1 列的文字水平居中,其余文字中部右对齐。

(2) 设置表格第 1 列列宽为 3 厘米、其余列宽为 2.7 厘米,表格行高为 0.7 厘米。设置表格单元格的左、右边距均为 0.3 厘米。设置表格外框线和第 1、第 2 行间的内框线为红色(标准色)0.5 磅双窄线,其余内框线为红色(标准色)0.5 磅单买线。为表格第 1 行添加"红色,个性色 2,淡色 60%"的底纹,其余行添加图案样式为 15%的黄色(标准色)的底纹。

3. Word 综合实训 3

打开"Word 素材\Word 综合实训"中的 WORD3.DOCX 文件，参考如图 2-41 所示的样张，按下列要求进行操作。操作完成后以原文件名（WORD3.DOCX）保存文档。

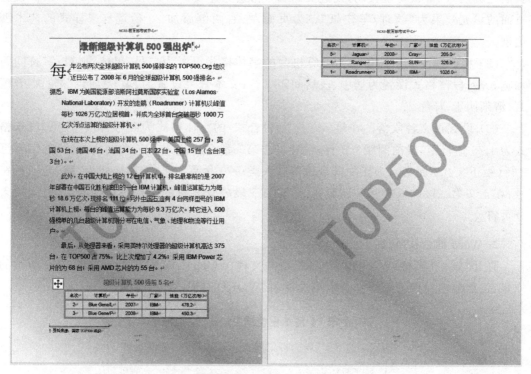

图 2-41　综合实训 3 样张

（1）设置页面"A4（21 厘米 x29.7 厘米）"。在页面顶端插入"空白"型页眉，利用"文档部件"在页眉内容处插入文档的"作者"信息。在页面底端插入"镶边"型页脚，并设置页码编号格式为"-1-,-2-,-3-,…"，起始页码为"-3-"。将页面填充效果设置为"渐变预设/羊皮纸"，设置底纹样式为"斜下"。为页面添加内容为 TOP500 的文字型水印，水印内容的文本格式为黑体、红色（标准色）。

（2）将标题段（"最新超级计算机 500 强出炉"）的文本格式设置为二号、黑体、加粗、居中。段落格式设置为段前间距 3 磅、段后间距 6 磅。文本效果设置为内置样式"填充-红色，着色 2，轮廓-着色 2"，并修改其阴影效果为"内部左侧"。为标题段文字添加着重号。在标题段末尾添加脚注，脚注内容为"资料来源：国际 TOP500 组织"。

（3）设置正文各段（"每年公……5 台。"）的中文字体为四号、宋体，西文字体四号 Arial 字体，行距为 26 磅，段前间距为 0.5 行。设置正文第 1 段（"每年公布……500 强排名。"）首字下沉 2 行、距正文 0.3 厘米。设置正文第 2 段（"据悉.…超级计算机。"）悬挂缩进 2 字符。为正文第 4 段（"此外……用户。"）中的"中国石油"一词添加超链接 http://www.cnpc.com.cn。

(4) 将文中最后 6 行文字转换成一个 6 行 5 列的表格。设置表格居中,将表格所有内容水平居中。设置表格行高为 0.7 厘米,第 1～5 列的列宽分别为 1.5 厘米、3 厘米、2 厘米、2 厘米、3.5 厘米。所有单元格的左、右边距均为 0.3 厘米。将表格第 1 行设置为表格的"重复标题行"。按"计算机"列依据"拼音"类型升序排列表格内容。

(5) 设置表格外框线和第 1、第 2 行间的内框线为红色(标准色)0.75 磅双窄线,其余内框线为红色(标准色)0.5 磅单实线。设置表格底纹颜色为主题颜色"橙色,个性色 6,淡色 60%"。

4. Word 综合实训 4

打开"Word 素材\Word 综合实训"中的 WORD4.DOCX 文件,参考如图 2-42 所示的样张,按下列要求进行操作。操作完成后以原文件名(WORD4.DOCX)保存文档。

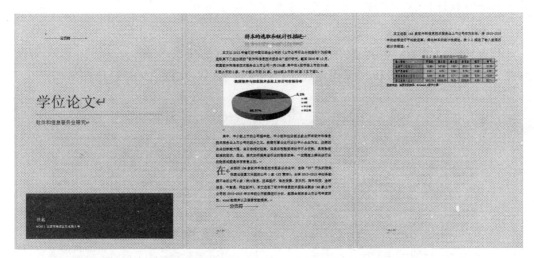

图 2-42 综合实训 4 样张

(1) 将标题段文字("样本的选取和统计性描述")设置为二号、楷体、加粗、居中,颜色为"深蓝,文字 2,深色 25%",文本效果为预设的"映像:大小 80%,透明度 50%",设置模糊为 9 磅,距离为 8 磅。设置标题段文字的字间距为紧缩 1.6 磅。

(2) 设置正文第 1～4 段("本文以 2012 年修订的……描述了输入数据的统计性描述:")的字体为小四号、新宋体,段落首行缩进 2 字符、1.4 倍行距。将正文第 3 段("在全部的 154 家软件和……wind 数据库以及国泰安数据库。")的缩进格式修改为"无",并设置该段为首字下沉 2 行、距正文 0.5 厘米。在第 1 段("本文以 2012 年修订的……上市的 88 家(见下图)。")下面插入位于考生文件夹下的图片"分布图.JPG",图片文字环绕为"上下型",位置为"随文字移动",不锁定纵横比,相对原始图片大小高度缩放 80%、宽度缩放 90%,并将该图片颜色饱和度设置为 150%,图片颜色色调的色温设置为 5000K。

(3) 设置页面上、下、左、右页边距分别为 2.3 厘米、2.3 厘米、3.2 厘米和 2.8 厘米,装订线位于左侧 0.5 厘米处。插入分页符使第 4 段("本文选取 145 家……描述了输入数据的统计性描述:")及其后面的文本置于第 2 页。在页面底端插入"X/Y 型,加粗显示的数字 1"页码。在"文件"菜单下进行属性信息编辑。在文档属性摘要选项卡的标题栏中输入"学位论文",主题为"软件和信息服务业研究",作者为"轶名",单位为 NCRE;添加两个关键词"软件;信息服务业"。插入"怀旧型"封面,输入地址为"北京市海淀区无名路5号"。设置页面填充图案为"5%",背景颜色为"水绿色,个性色5,淡色80%"。

(4) 将文中最后5行文字依制表符转换为5行7列的表格,表格文字设为小五号、方正姚体。设置表格第2～7列列宽为1.5厘米。设置表格居中,除第1列外,表格中的所有单元格内容对齐方式为"水平居中"。设置表格标题("表3.2 输入数据的统计性描述")为小四号、黑体,字体颜色为自定义,颜色模式为 HSL,其中色调为5、饱和度为221、亮度为136。

(5) 为表格的第1行和第1列添加"茶色,背景2,深色25%"底纹。为其余单元格添加"白色,背景1,深色15%"底纹。在表格后插入一行文字:"数据来源:国泰安数据库,Eviews 6.0 软件计算",字体为小五号,对齐方式为左对齐。

5. Word 综合实训 5

打开"Word 素材\Word 综合实训"中的 WORD5.DOCX 文件,参考如图 2-43 所示的样张,按下列要求进行操作。操作完成后以原文件名(WORD5.DOCX)保存文档。

图 2-43 综合实训 5 样张

(1) 将页面设置为 A4 纸,上、下、左、右页边距均为3厘米,装订线居左 0.2 厘米,每页 42 行,每行 38 个字符。

(2) 给文章加标题"积极心理学",设置其格式为黑体、二号字、标准色-深红,居中显示。

(3) 设置正文所有段落首行缩进2字符,段后间距 0.5 行。

（4）将正文中所有的"积极心理学"设置为"标准色-绿色"、加粗。

（5）参考样张在正文适当位置插入图片"积极心理学.jpg"，设置图片高度为4厘米、宽度为7厘米，环绕方式为紧密型，图片样式为"居中、矩形、阴影"。

（6）设置奇数页页眉为"新兴科学"，偶数页页眉为"关注健康"。

（7）为正文最后一段添加"标准色-深蓝"、1磅的方框，填充色为"标准色-浅绿"。

（8）保存文件WORD5.DOCX，存放于考生文件夹中。

项目 3

Excel 2016 电子表格

Excel 是 Microsoft Office 办公组件的重要组成部分，在企业日常办公中被广泛应用。Excel 2016 集文字、数据、图形、图表及多媒体对象于一体，不仅可以制作各类电子表格，还可以组织、计算和分析多种类型的数据，方便地制作图表等。因其界面友好、操作方便、功能强大、易学易用，深受广大用户的喜爱，是一款优秀的电子表格制作软件。

3.1 项目提出

根据"Excel 素材\Excel 项目"中工作簿 excel.xlsx 提供的数据，制作如图 3-1 所示 Excel 图表，具体要求如下。

(1) 将 Sheet1 工作表重命名为"产品销售情况表"，删除 Sheet2 工作表，然后将工作表的 A1:Q1 单元格合并为一个单元格，内容居中对齐，字体为黑体，字号为 14。

(2) 设置第 1 行"产品销售情况表"的行高为 35，设置 A 列列宽为 40。

(3) 设置图表数据系列 A 产品为纯色填充"蓝色、个性色 1、深色 25%"，B 产品为纯色填充"绿色、个性色 6、深色 25%"。

(4) 利用条件格式图标集中第 3 个星形修饰单元格 B3:M3。

(5) 利用 SUM 函数计算 A 产品、B 产品的全年销售总量（数值型，保留小数点后 0 位），分别置于 N3、N4 单元格内。

(6) 计算 A 产品和 B 产品每月销售量占全年销售总量的百分比（百分比型，保留小数点后 2 位），分别置于 B5:M5、B6:M6 单元格内。

(7) 利用 AVERAGE 函数计算 A 产品、B 产品全年销售平均值，填充在 O3、O4 单元格内。利用 MAX 函数计算 A 产品、B 产品全年销售最大值，填充在 P3、P4 单元格内。利用 MIN 函数计算 A 产品、B 产品全年销售最小值，填充在 Q3、Q4 单元格内（均为数值型，保留小数点后 0 位）。

(8) 利用 IF 函数给出"销售表现"行(B7:M7)的内容：如果某月 A 产品所占百分比大于 10%并且 B 产品所占百分比也大于 10%，在相应单元格内填入"优良"，否则填入"中等"。

(9) 选择"图书销售统计表"工作表，对工作表内数据清单的内容按主要关键字"图书类别"的降序和次要关键字"季度"的升序进行排序。

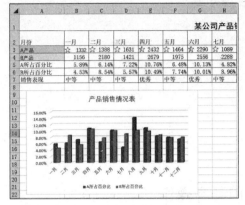
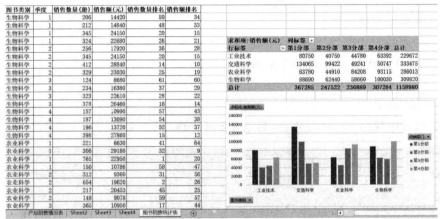

图 3-1　Excel 图表样张

(10) 选择"图书销售统计表"工作表,完成对各图书类别销售量求和的分类汇总,汇总结果显示在数据下方。

(11) 选择"图书销售统计表"工作表,对工作表"图书销售工作表"内数据清单的内容建立数据透视表,按行标签为"图书类别",列标签为"经销部门",数值为"销售额(元)"求和布局,并置于现工作表的 I5:N11 单元格区域,工作表名不变。

(12) 选择"产品销售情况表"工作表"月份"行(A2:M2)和"A 所占百分比"行(A5:M5)、"B 所占百分比"行(A6:M6)数据区域的内容建立"簇状柱形图",图表标题为"产品销售统计图",图例位于底部,将图表插入到当前工作表的 A9:J25 单元格区域内。

(13) 将工作簿以文件名 EX1、文件类型 Microsoft Excel 工作簿(*.xlsx)存放于"Excel 2016 项目"中。

3.2　知识目标

(1) 熟悉 Excel 2016 的工作界面及工作簿的操作方法。

(2) 掌握 Excel 2016 的数据类型及录入方法。

(3) 掌握 Excel 2016 的工作表和单元格的管理方法。
(4) 掌握单元格格式的设置方法。
(5) 掌握公式的编辑与使用方法。
(6) 掌握数据的排序、筛选方法。
(7) 掌握分类汇总、数据透视表的应用方法。
(8) 掌握图表的创建与编辑方法。

3.3 项目实施

任务1 Excel 2016 工作界面及工作簿的基本操作

1. Excel 2016 启动和退出

Excel 2016 的启动方式有以下两种,本操作方式是在 Windows 10 家庭中文版界面下进行的,不同的操作系统启动方式略有不同。

1) 通过 Windows 开始菜单

(1) 单击"开始"菜单。

(2) 在下拉列表中找到 Excel 并单击,启动 Excel 程序(见图 3-2)。

图 3-2　启动 Excel 2016

2) 通过快捷方式

如果在 Windows 桌面上建立了快捷方式,双击此快捷方式即可启动 Excel 2016 应用程序,如图 3-3 所示。

Excel 2016 的退出方式有以下两种,如图 3-4 所示。

(1) 单击 Excel 工作簿窗口右上角的 ✕ 按钮。

(2) 按 Alt+F4 键。

图 3-3　Excel 2016 的快捷启动

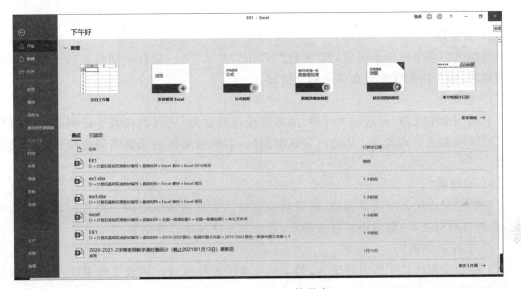

图 3-4　Excel 2016 的退出

2. Excel 2016 工作界面

启动 Excel 2016，进入其工作窗口。Excel 2016 工作窗口由标题栏、快速访问工具栏、功能区、名称框、编辑栏、工作表编辑区和状态栏组成，如图 3-5 所示。

1）标题栏

标题栏位于 Excel 2016 窗口的顶端，居中显示正在编辑的工作簿文件名和应用程序名，右侧显示"登录""功能区显示选项""最小化""向下还原"和"关闭"按钮。

2）快速访问工具栏

快速访问工具栏位于 Excel 2016 窗口的左上方，用于显示常用命令按钮。

图 3-5　Excel 2016 的工作界面

3）功能区

功能区由多个选项卡组成，如"文件""开始""插入"等。选择不同的选项卡显示不同的功能区，每个功能区中包含多个命令按钮。

4）名称框

显示当前单元格（即活动单元格）的名称或区域名称，还可以在其下拉列表中选择已定义的区域名或公式名等。当进行公式编辑时，名称框切换为函数名列表框供用户选择函数。

5）编辑栏

编辑栏对应的是活动单元格，给活动单元格以更大的编辑空间。两者内容会同步变化，但两者有分工，一般编辑栏显示公式，活动单元格显示计算结果。

6）工作表编辑区

工作表编辑区位于编辑栏下方，是 Excel 电子表格区域。构成工作表的基本单位是单元格。每个工作表由 16 384（列）×1 048 576（行）个单元格组成，每一行列交叉即为一个单元格。每个单元格的名称默认使用"列标+行号"来表示，就是它所在工作表的位置，如 A1、B5 等。

7）状态栏

状态栏位于 Excel 2016 窗口的底端，用于显示信息，用户可自定义显示内容。

3．工作簿的基本操作

工作簿是 Excel 使用的文件架构，可以把它想象成一个工作夹，在这个工作夹里面有许多活页纸，这些活页纸就是工作表，可以随时添加、移除和修改前后顺序。工作表是在 Excel 中用于存储和处理数据的主要文档，但是 Excel 文件以工作簿为单位保存，而非工作表。一个工作簿由多个工作表组成，一个工作簿至少包含一个工作表。

1）新建工作簿

启动 Excel 2016 后，系统会自动创建一个名为"工作簿 1"的空白工作簿。在"文件"选项卡下单击"新建"→"空白工作簿"图标即可创建空白工作簿。也可以根据需要事先设置好一些内容，如事先设计好的表格、设计好的格式等，这就是模板，如图 3-6 所示，在"可用模板"中选择"样本模板"，单击"创建"按钮，可根据模板创建工作簿。

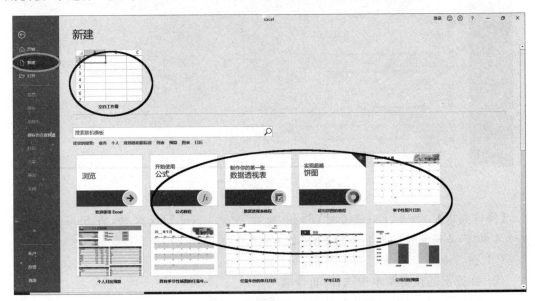

图 3-6 新建工作簿界面

2）打开工作簿

打开已有的 Excel 文件，可通过以下 3 种方式之一。

（1）找到 Excel 文件并双击文件图标打开。

（2）选择"文件"→"打开"命令，弹出"打开"对话框，在其中找到该文件，单击"打开"按钮。

（3）在"文件"选项卡的"最近所用文件"中，单击所要打开的文件，如图 3-7 所示。

3）保存工作簿

保存已修改的 Excel 文件，可通过以下 3 种方式之一。

（1）选择"文件"→"保存"命令。

（2）单击快速访问工具栏中的"保存"按钮。

（3）按 Ctrl+S 键。

4）关闭工作簿

要关闭已修改过的 Excel 文件，可单击窗口右上角的"关闭"按钮。

4．工作表的基本操作

工作簿创建以后，默认情况下有 3 个工作表，改变工作簿中工作表的个数可通过工作表标签来进行。Excel 最多可创建 255 个工作表，根据用户的需要可对工作表进行选取、删除、插入和重命名操作。

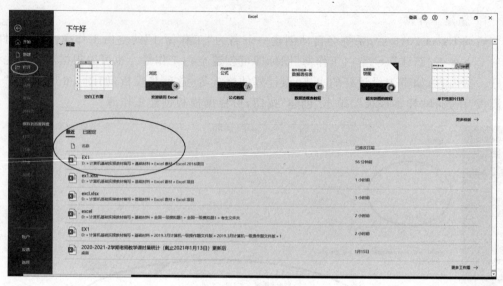

图 3-7　Excel 文件的打开

【操作要求】　打开"Excel 素材\Excel 项目"中的 excel.xlsx 文件,将 Sheet1 工作表重命名为"产品销售情况表",删除 Sheet2 工作表。

(1) 在 Sheet1 工作表标签上右击。
(2) 在弹出的快捷菜单中选择"重命名"。
(3) 输入"产品销售情况表",按 Enter 键确认,如图 3-8 所示。

 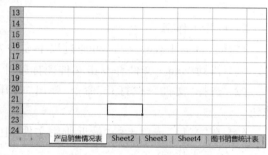

图 3-8　重命名工作表

(4) 在 Sheet2 工作表标签上右击,在弹出的快捷菜单中选择"删除",删除 Sheet2 工作表。

1) 插入工作表

打开新建工作簿,插入工作表的步骤如下,如图 3-9 所示。

(1) 单击"开始"选项卡。
(2) 单击"单元格"组中的"插入"按钮。
(3) 选择"插入工作表"命令,即可插入一个新工作表。

也可以在 Sheet2 工作表标签上右击,在弹出的快捷菜单中选择"插入"→"工作表"命令,然后在打开的对话框中单击"确定"按钮,如图 3-10 所示。

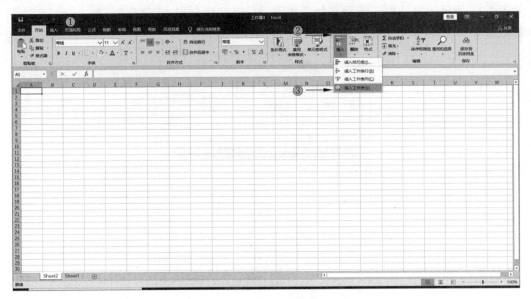

图 3-9 插入工作表

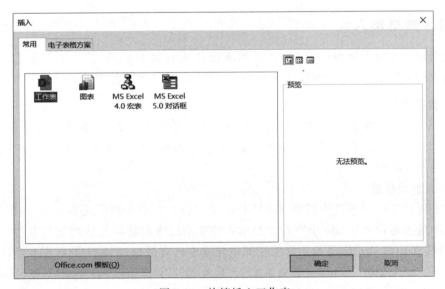

图 3-10 快捷插入工作表

2）删除工作表

右击要删除的工作表标签，在弹出的快捷菜单中选择"删除"命令，即可删除工作表。

3）重命名工作表

右击要重命名的工作表标签，在弹出的快捷菜单中选择"重命名"命令，输入新的工作表名称，按 Enter 键。

4）移动和复制工作表

右击要移动和复制的工作表标签，在弹出的快捷菜单中选择"移动或复制"命令，弹出如图3-11所示的对话框。若是复制工作表,则选中"建立副本"复选框,单击"确定"按钮;若是移动工作表,选定工作表的位置后单击"确定"按钮。

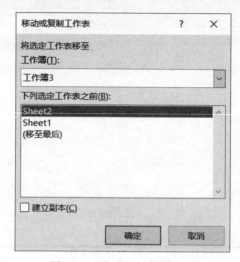

图3-11 移动和复制工作表

任务2 数据输入

数据输入是数据处理的基础,要做到准确快速的数据处理,首先要了解Excel 2016支持的数据类型,这样才能够保证正确地输入数据,同时掌握常用的数据输入方法。

1. 数据类型

Excel 2016工作表中的单元格和Word一样,可以输入文本、数字以及特殊符号等。Excel 2016中的数据类型包括文本型数据、数值型数据、日期时间型数据等,不同数据类型输入的方法不同。

1) 文本型数据

文本可以是任何字符串或数字与字符串的组合。在单元格中文本自动左对齐。一个单元格中最多可输入3 200个字符。当输入的文本长度超过单元格列宽且右边没有数据时,允许覆盖相邻单元格显示。如果相邻单元格中已有数据,则输入的数据在超出部分处截断显示。如果把数字当作字符文本输入,应在数字字符串前加(英文状态下)单引号',如'0110,显示时隐藏单引号,只显示数字,如图3-12所示。

2) 数值型数据

数值型数据是Excel工作表中最常见的数据类型。由数字0~9和符号+、-、* 等字符组成,默认自动右对齐。如果输入的数值超过单元格宽度,系统将自动以科学记数法表示。如果单元格中显示#符号,表示该单元格所在的列没有足够的宽度来显示数值,改变宽度后即可显示,如图3-13所示。

3) 日期时间型数据

日期时间型数据在单元格中默认右对齐,年、月、日间用减号(-)或斜杠(/)分隔;以时间的时、分、秒用冒号分隔。如输入2021年2月1日20点整,常用的输入方式有2021-

项目 3　Excel 2016 电子表格

图 3-12　文本型数据

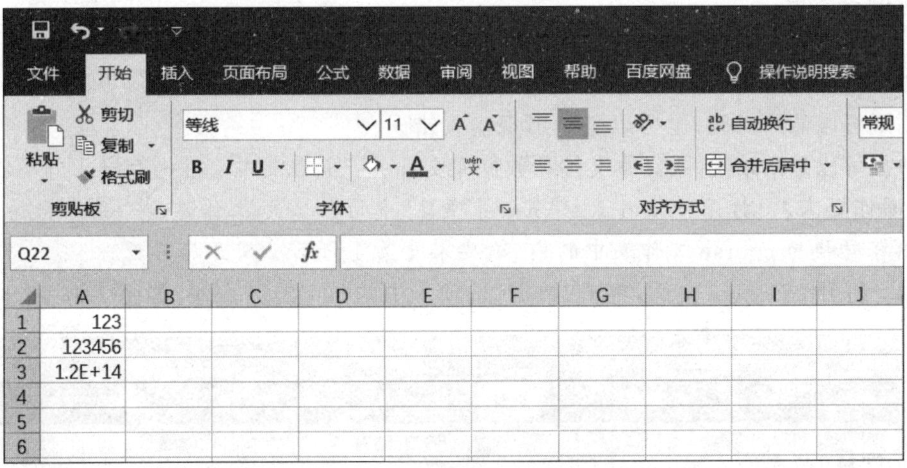

图 3-13　数值型数据

02-01 20:00 和 2021/02/01 20:00，如图 3-14 所示。

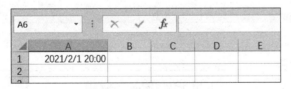

图 3-14　日期时间型数据

2．输入数据

1）直接输入数据

首先选定单元格，然后输入数据，输入结束后按 Enter 键。

2）自动填充数据

要根据初始值决定填充值，可将鼠标指针移至初始值所在单元格的右下角，鼠标指针形状变为实心十字形+，拖曳填充柄至填充的最后一个单元格，即可完成自动填充，如图3-15所示。

（1）若单个单元格内容为纯字符、纯数字或是公式，则填充相当于数据复制。

（2）若单个单元格内容为文字数字混合体，则填充时文字不变，最右边的数字递增。如初始值为B1，则填充为B2、B3、…。

（3）若单个单元格内容为Excel预设的自动填充序列中的一项，按预设序列填充。如初始值为星期一，则自动填充为星期二、星期三、…。

（4）如果有连续单元格存在等差关系，如2、4、6、8，则先选中这些区域，再运用自动填充可自动输入其余的等差值。

3）导入外部数据

外部数据是指Excel工作表之外的数据，导入外部数据既可以节约时间，也可以避免出现输入错误。

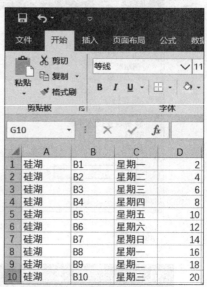

图3-15 自动填充数据

外部数据可以是网站文件、文本文件和数据库文件。下面以文本文件为例导入外部数据。

【操作要求】 打开"Excel素材\Excel项目"中的course工作簿，将"证券行情.txt"文件的内容转换为course工作表中的内容，要求自第1行第1列开始存放。

（1）打开ex1.xlsx文件，单击"数据"选项卡中的"自文本"按钮，如图3-16所示。

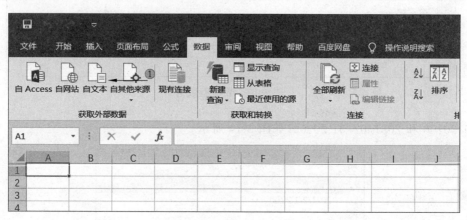

图3-16 获取外部数据

（2）在地址栏中选择"证券行情.txt"文件所在路径："Excel素材\Excel项目"文件夹。选择"证券行情.txt"文件，单击"导入"按钮，如图3-17所示，出现导入文本文件向导对话框。

（3）在图3-18中设置好文件的原始数据类型、导入起始行和文件原始格式后，单击

"下一步"按钮。

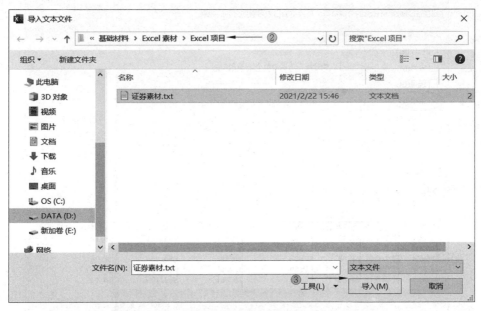

图 3-17 文本文件选择

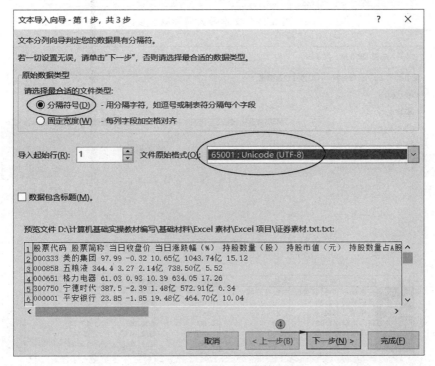

图 3-18 文本导入向导第 1 步

(4) 在如图 3-19 所示的对话框中,选中分隔符号为"空格",单击"下一步"按钮,界面如图 3-20 所示。

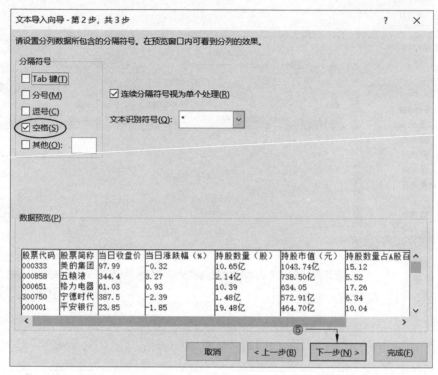

图 3-19　文本导入向导第 2 步

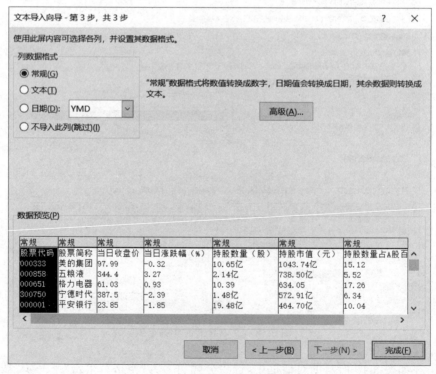

图 3-20　文本导入向导第 3 步

(5) 单击"完成"按钮,弹出"导入数据"对话框,结果如图 3-21 所示。

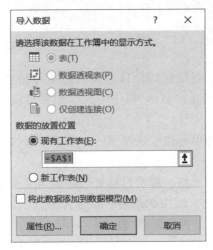

图 3-21 "导入数据"对话框

(6) 设定好数据放置的位置后,单击"确定"按钮,结果如图 3-22 所示。

股票代码	股票简称	当日收盘价	当日涨跌幅(%)	持股数量(股)	持股市值(元)	持股数量占A股百分比(%)
333	美的集团	97.99	-0.32	10.65亿	1043.74亿	15.12
858	五粮液	344.4	3.27	2.14亿	738.50亿	5.52
651	格力电器	61.03	0.93	10.39	634.05	17.26
300750	宁德时代	387.5	-2.39	1.48亿	572.91亿	6.34
1	平安银行	23.85	-1.85	19.48亿	464.70亿	10.04
300760	迈瑞医疗	461.64	-1.04	6909.64亿	318.98亿	5.68
300015	爱尔眼科	88.89	0.97	2.84亿	252.84亿	6.9
2475	立讯精密	49.84	-0.54	5.02亿	250.35亿	7.15
2027	分众传媒	12.33	-4.2	17.30亿	213.33亿	11.78
338	潍柴动力	24.76	-1.12	8.38亿	207.42亿	13.98
300347	泰格医药	183.66	2.4	1.08亿	198.33亿	14.41
2271	东方雨虹	54.9	-2.17	3.42亿	187.59亿	14.55
2352	顺丰控股	115.9	-0.49	1.59亿	184.03亿	3.48

图 3-22 数据显示

任务 3 单元格基本操作

单元格的操作是在对表格中的数据进行处理时最常用的操作。掌握单元格的基本操作可以提高制作表格的速度。Excel 2016 中单元格的基本操作包括单元格内容的编辑和清除、单元格格式的设置、单元格的删除和合并等。

【操作要求】 打开"Excel 素材\Excel 项目"中的 course 工作簿,在工作簿"大一"工作表内编辑单元格,编辑完毕关闭工作簿。

1. 编辑单元格

1) 选择单元格

(1) 选择单个单元格。将鼠标指针移动到目标单元格上单击就可以选中该单元格,被选中的目标单元格以粗黑边框显示,被选中的单元格对应的行号和列标也以深灰色突出显示。

(2) 选择多个非连续的单元格。选择第一个单元格后按住 Ctrl 键的同时选择其他单元格。

(3) 选择多个连续的单元格。单击目标区域中的第一个单元格后拖动至最后一个单元格,或按住 Shift 键后单击区域中的最后一个单元格。

(4) 选择整行整列:单击行标题和列标题。

2) 插入单元格、行和列

(1) 插入单元格。选中要插入单元格的位置,选择"开始"→"单元格"→"插入"→"插入单元格"命令。在弹出的"插入"对话框中选中"活动单元格右移"单选按钮,即将选中的单元格右移,新插入的单元格在选中单元格的左侧,选中"活动单元格下移"单选按钮,如图 3-23 所示,则新插入的单元格在选中单元格的上方。

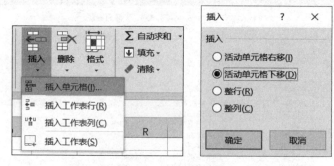

图 3-23 插入单元格

(2) 插入整行。在需要插入新行的位置右击任意单元格,选择"插入"命令,然后选中"插入"对话框中的"整行"单选按钮,即可在当前位置插入一行,原有的行自动下移。

(3) 插入整列。在需要插入新列的位置右击任意单元格,选择"插入"命令,然后选中"插入"对话框中的"整列"单选按钮,即可在当前位置插入一整列,原有的列自动右移。

3) 合并与拆分单元格

在表格制作过程中,出于表格整体布局的考虑,需要将多个单元格合并为一个单元格或者需要把一个单元格拆分为多个单元格,这就是单元格的合并与拆分。

【操作要求】 打开"Excel 素材\Excel 项目"中的 excel 工作簿,将"产品销售情况表"工作表的 A1:Q1 单元格合并为一个单元格,内容居中对齐,字体为黑体,字号为 12。

(1) 选中 A1:Q1 单元格。

(2) 在"开始"选项卡的"对齐方式"组中勾选"合并后居中"。

（3）在"开始"选项卡的"字体"组中设置字体为"黑体"，字号为12，如图3-24所示。

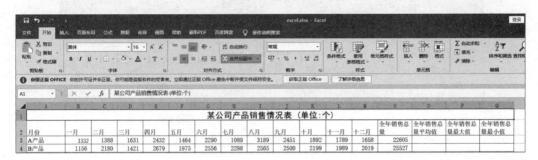

图 3-24　合并单元格

合并单元格的操作如下。

（1）选中需要合并的所有目标单元格，然后右击，在弹出的快捷菜单中选择"设置单元格格式"命令，出现如图3-25所示的对话框。

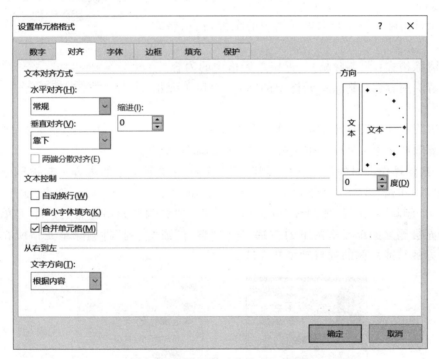

图 3-25　"设置单元格格式"对话框

（2）在弹出的对话框中选择"对齐"选项卡，在"文本控制"下选中"合并单元格"复选框，即可完成单元格的合并。

也可通过功能区中的快捷方式来进行单元格的合并，如图3-26所示。

拆分单元格的方法和合并单元格是互逆过程，所以想拆分合并的单元格只须选择"取消单元格合并后"命令即可。

图 3-26　合并单元格

4）清除和删除单元格

（1）清除操作针对的是单元格里的内容，单元格本身的位置不受影响。选定单元格后，单击"开始"→"编辑"→"清除"按钮，在弹出的菜单中包含 5 个选项：全部清除、清除格式、清除内容、清除批注和清除超链接，如图 3-27 所示，选择单独选项只清除相关信息，但单元格本身仍留在原位置不变。

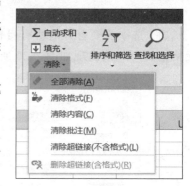

① 全部清除：彻底删除单元格中的全部内容、格式和批注。

② 清除格式：只删除格式，保留单元格中的内容。

③ 清除内容：只删除单元格中的内容，保留单元格的其他属性。

④ 清除批注：只删除带批注单元格的批注。

图 3-27　清除单元格

⑤ 清除超链接：只删除带超链接单元格的超链接。

（2）删除操作针对的是单元格，删除后单元格及单元格里的内容一起被删除掉。选定单元格后，单击"开始"→"单元格"→"删除"按钮，如图 3-28(a)所示，选择"删除单元格"命令，弹出"删除"对话框，如图 3-28(b)所示。选中"右侧单元格左移"或"下方单元格上移"来填充被删除的单元格留下的空缺，选中"整行"或"整列"将删除单元格所在的行或列，其下方的行或右侧的列自动填补空缺。

(a)　　　　　　　　　　(b)

图 3-28　删除单元格

2. 单元格格式设置

为使工作表的外观整齐、美观、清楚和重点突出，通常需要对单元格中的数据进行格式化。设置工作表及单元格的格式并不会改变单元格里面的数据,只会影响数据的外观。

1) 单元格格式

选中要进行格式化的单元格,右击后选择"设置单元格格式"命令,弹出如图 3-29 所示的对话框,在此对话框中有以下 6 个选项卡。

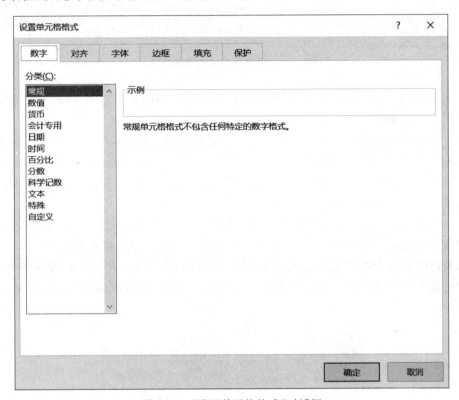

图 3-29 "设置单元格格式"对话框

(1) 数字:用于单元格中数字的格式化,左侧为"分类"列表,给出数字格式的类型,右侧显示该类型的格式。

(2) 对齐:用于设置单元格中的数据的对齐方式,包括水平对齐、垂直对齐、自动换行、合并单元格。

(3) 字体:用于设置单元格中数据的字体、字形、字号、颜色、下画线和特殊效果等。

(4) 边框:用于设置外边框和内部的线条样式、颜色等。

(5) 填充:用于设置单元格的颜色、图案颜色和图案样式。

(6) 保护:用于锁定和隐藏单元格,只有在保护工作表后,锁定单元格或隐藏公式才有效。

2) 设置行高和列宽

【操作要求】 打开"Excel 素材\Excel 项目"中的 excel.xlsx 文件,设置第 1 行"产品销售情况表"的行高为 35,设置 A 列列宽为 15。

(1) 将光标定位在第 1 行。

(2) 右击,在弹出的快捷菜单中选择"行高",设置数值为 35。

(3) 将光标定位在 A 列。

(4) 右击,在弹出的快捷菜单中选择"列宽",设置数值为 15,效果如图 3-30 所示。

月份	一月	二月	三月	四月	五月	六月	七月	八月	九月	十月	十一月	十二月	全年销售总量	全年销售总量平均值	全年销售总量最大值	全年销售总量最小值
A产品	1332	1388	1631	2432	1464	2290	1089	3189	2451	1892	1789	1658	22605			
B产品	1156	2180	1421	2679	1975	2556	2288	2565	2500	2199	1989	2019	25527			

图 3-30　设置行高和列宽的效果

在实际应用中,有时用户输入的数据内容超出单元格的显示范围,这时用户需要调整行高或列宽以容纳其内容。

(1) 利用鼠标拖动调整:这种方法适合粗略调整,精确度不高。将鼠标指针移到列标之间的标记处,当鼠标指针变为左右的双箭头状时,用鼠标拖动该边框即可调整列的宽度。将鼠标指针移到行号之间的标记处,当鼠标指针变为上下的双向箭头状时,用鼠标拖动该边框即可调整行的高度。

(2) 自动调整:将鼠标指针移到行号或列标之间的标记处,当鼠标指针变为上下的箭头状或左右的箭头状时双击,该行或列自动调整为最高项的高度或宽度。

(3) 利用菜单命令调整:这种方法精确度比较高,选择"开始"→"单元格"→"格式"→"行高"或"列宽"命令,弹出如图 3-31 所示的对话框,在其中设置行高和列宽。

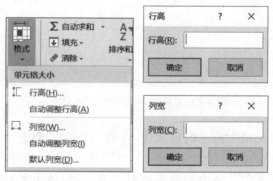

图 3-31　设置行高和列宽

3) 行和列的隐藏

由于屏幕显示工作表范围有限,可根据需要把指定行或列单元格隐藏起来。以隐藏行为例,操作如图 3-32 所示。

(1) 选中 7～10 行。

(2) 选择"开始"→"单元格"→"格式"→"隐藏和取消隐藏"→"隐藏行"命令即可隐藏 7～10 行。若要取消隐藏,则选中取消隐藏的位置,选择"开始"→"单元格"→"格式"→"隐藏和取消隐藏"→"取消隐藏行"命令。

4) 设置单元格样式

Excel 2016 中设置了很多种单元格样式,用户可以根据自己的需要直接套用。

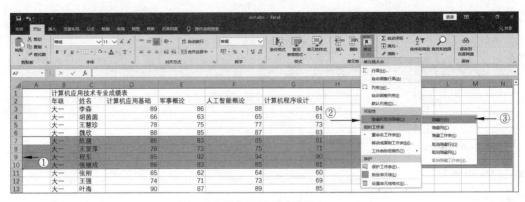

图 3-32 隐藏行

【操作要求】 打开"Excel 素材\Excel 项目"中的 excel.xlsx 文件,设置图表数据系列 A 产品为纯色填充"浅蓝、深色 20%-着色 1",B 产品为纯色填充"浅绿、深色 20%-着色 6"。

(1) 选中 A3 单元格。
(2) 单击"开始"选项卡"样式"组中的"单元格样式"按钮。
(3) 选中"浅蓝、深色 20%-着色 1",完成 A 产品颜色填充。
(4) 选中 A4 单元格。
(5) 单击"开始"选项卡"样式"组中的"单元格样式"按钮。
(6) 选中"浅绿、深色 20%-着色 6",完成 B 产品颜色填充,效果如图 3-33 所示。

图 3-33 设置单元格样式

5) 条件格式

某些时候,制作数据表需要在表格中突显一些重要数据,这时就要用到条件格式。条件格式是指把指定单元格根据特定条件以指定格式显示出来。使用条件格式可以直观地查看和分析数据、突显关键问题。条件格式可以突出显示所关注的单元格或单元格区域,具体方法有数据条、颜色刻度和图标集。条件格式基于条件更改单元格区域的外观。如果条件为 True,则基于该条件设置单元格区域的格式;如果条件为 False,则不会基于该条件设置单元格区域的格式。

【操作要求】 打开"Excel 素材\Excel 项目"中的 excel.xlsx 文件,利用 3 个星形修饰单元格区域 B3:M3。

(1) 选中 B3:M3 单元格区域。
(2) 单击"开始"选项卡"样式"组中的"条件格式"按钮。
(3) 单击"图标集"中的"等级",选择 3 个星形,完成修饰要求,效果如图 3-34 所示。

如果要删除条件格式,可以单击"条件格式"→"管理规则"按钮,弹出"条件格式规则管理器"对话框,单击"删除规则"按钮,如图 3-35 所示。

图 3-34 条件格式设置

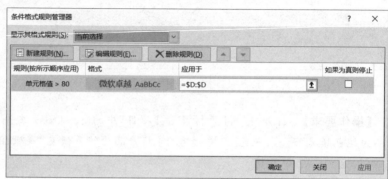

图 3-35 管理规则

任务 4 公式和函数的使用

1. 单元格的引用

在公式和函数中,使用单元格地址或单元格名称来表示单元格中的数据。公式的运算值随着被引用单元格的数据变化而发生变化。单元格引用是指对工作表上的单元格或单元格区域进行引用。单元格地址由列标和行号组合而成,如 A1。在计算公式中可以引用本工作表中任何单元格区域的数据,也可引用其他工作表或者其他工作簿中任何单元格区域的数据。Excel 提供了两种引用类型:相对地址引用和绝对地址引用。

1) 相对地址引用

相对地址引用是指直接引用单元格区域名,所以在公式中单元格地址会相对公式的位置发生改变。在公式中对单元格进行引用时,默认为相对引用。在 H3 单元格中应用公式为=D3+E3+F3+G3,计算结果为 347.0,把公式复制到 H4 单元格,公式变为=D4+E4+F4+G4,计算结果为 255.0,如图 3-36 所示。

2) 绝对地址引用

绝对地址引用是指把公式复制和移动到新位置时,公式中引用的单元格地址保持不变。设置绝对地址引用须在行号和列标前面加 $ 符号。在 H3 单元格中应用公式为=D$3+E$3+F$3+G$3,计算结果为 347.0;把公式复制到 H4 单元格,公式还是=D$3+E$3+F$3+G$3,计算结果为 347.0,如图 3-37 所示。

3) 引用同一工作簿中其他工作表的单元格

在同一工作簿中,可以引用其他工作表的单元格。如当前工作表是"成绩汇总",要在单元格 A1 中引用"大一"工作表 C3 单元格中数据,则可在单元格 A1 中输入公式"=大一!C3",如图 3-38 所示。

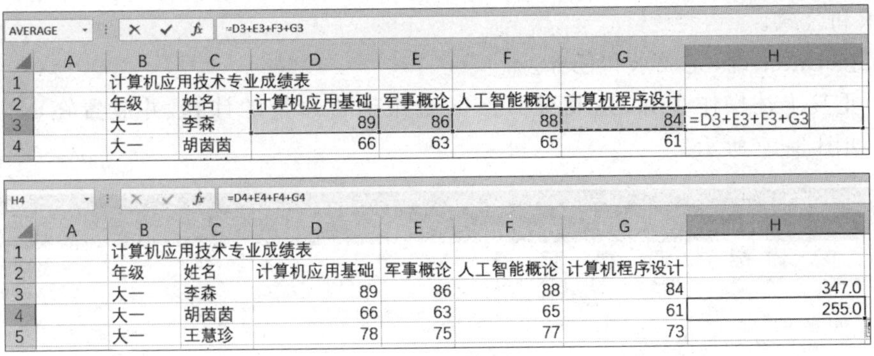

图 3-36　相对地址引用

图 3-37　绝对地址引用

4）引用其他工作簿的单元格

在 Excel 计算时也可以引用其他工作簿中单元格的数据或公式。如果在当前工作簿 ex1"成绩汇总"工作表的 A1 单元格中引用工作簿 ex2"成绩表"工作表的 B2 单元格中的数据，则可以在"成绩汇总"工作表的 A1 单元格中输入"=[ex2.xlsx]成绩表!B2"，如图 3-39 所示。

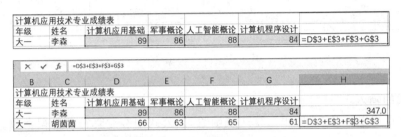

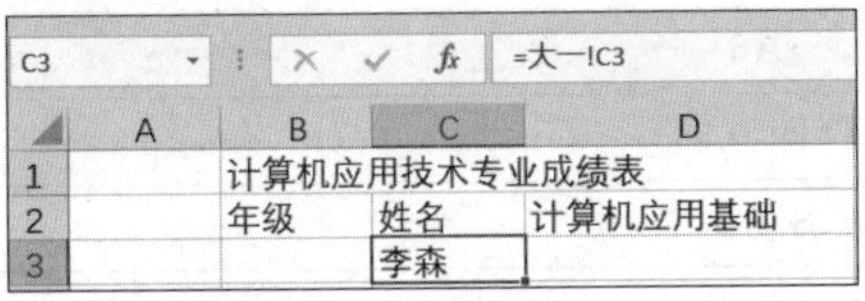

图 3-38　工作表间引用数据 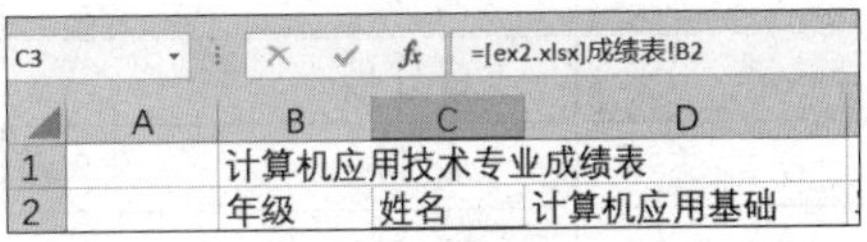　　　　　图 3-39　工作簿间引用数据

2. 自动计算

单击"公式"选项卡中的"自动求和"按钮，无须公式即可自动计算一组数据的累加和、平均值、统计个数、最大值和最小值等。自动计算既可计算相邻的数据区域，也可以计算不相邻的数据区域；既可以一次进行一个公式计算，也可以一次进行多个公式计算。

【操作要求】打开"Excel 素材\Excel 项目"中的 excel.xlsx 文件，利用 SUM 函数计算 A 产品、B 产品的全年销售总量（数值型，保留小数点后 0 位），分别置于 N3、N4 单元格内。

(1) 将光标定位在 N3 单元格上。

(2) 在"公式"选项卡中单击"自动求和"的下拉按钮，选择"求和"，在 N3 单元格内自动出现求和公式。

(3) 按 Enter 键,完成求和任务。

(4) 重复上述操作步骤,完成对 B 产品全年销售总量的计算,并放置在 N4 单元格内,效果如图 3-40 所示。

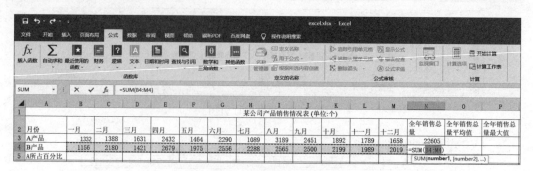

图 3-40　自动计算效果

3. 公式的输入

每个公式均以=开头,后跟运算式或函数式,公式中有运算符和数据参数。运算符包括以下几种。

算术运算符:+、-、*、/、^、%等。

关系运算符:=、>、<、>=、<=、<>。

文本运算符:&。

运算符具有优先级,表 3-1 按运算符优先级从高到低列出了各运算符及其功能。

表 3-1　常用运算符及其功能

运算符	功　能	举　　例
-	负号	-6,-A6
%	百分号	50%(即 0.5)
*,/	乘,除	8*2,8/3
+,-	加,减	6+2,6-2
&	字符串接	"CHINA"&"2008"(即 CHINA2008)
=,<>	等于,不等于	6=2 的值为假,6<>2 的值为真
>,>=	大于,大于等于	6>2 的值为真,6>=2 的值为真
<,<=	小于,小于等于	6<2 的值为假,6<=2 的值为真

【操作要求】 打开"Excel 素材\Excel 项目"中的 excel.xlsx 文件,计算 A 产品和 B 产品每月销售量占全年销售总量的百分比(百分比型,保留小数点后 2 位),分别置于 B5:M5、B6:M6 单元格内。

(1) 将光标定位在 B5 单元格内。

(2) 在编辑栏内输入"=",编辑公式 B3/N3,按 Enter 键。

(3) 在"开始"选项卡中选择"数字",单击"%",将小数转换为百分比型。

(4) 单击 2 次"增加小数位数",保留小数点后 2 位。

(5) 重复上述操作,完成题目要求,效果如图 3-41 所示。

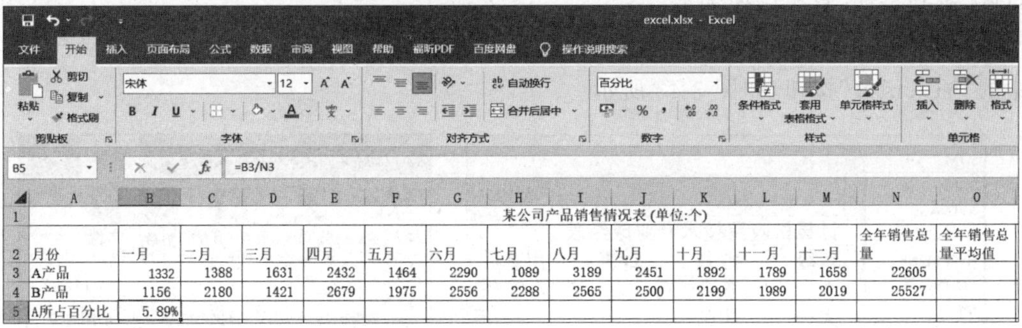

图 3-41　利用公式进行计算

4. 函数

一些复杂运算如果由用户自己来设计公式计算将会很麻烦,Excel 提供了许多内置函数,为用户对数据进行运算和分析带来了极大方便。这些函数涵盖范围包括财务、日期和时间、数学和三角函数、查找与引用等,如图 3-42 所示。

图 3-42　函数

1) 函数结构

一个函数包括函数名和参数两个部分,函数的语法形式如下。

函数名称(参数 1、参数 2,...)

函数名用来描述函数的功能,可以是常量、单元格、区域、区域名、公式或其他函数等,给定的参数必须能产生有效的值。参数也可以是常量、公式或其他函数,还可以是单元格地址引用等。函数参数要用括号括起来,即使一个函数没有参数,也必须加上括号。函数的多个参数之间用逗号(,)分隔。如果函数的参数是文本,该参数要用英文的双引号括起来。

2) 直接输入函数

选定要输入函数的单元格,输入=,并在后面输入函数名并设置好相应函数的参数,按 Enter 键完成输入。

例如,要在成绩汇总表中的 H3 单元格中计算区域 D3:G3 中所有单元格值的总和,首先选定 H3 单元格,直接输入=SUM(D3:G3),然后按 Enter 键。

3）插入函数

当用户不了解函数格式和参数设置的相关信息时,可使用如下方式插入函数,以 SUM 函数为例,具体操作如下。

（1）打开工作簿,选中单元格,单击编辑栏中的"插入函数"按钮或单击"公式"选项卡中的"插入函数"按钮,如图 3-43 所示。

 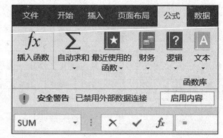

图 3-43　插入函数菜单

（2）弹出"插入函数"对话框,在"选择函数"列表中选择 SUM 函数,单击"确定"按钮,如图 3-44 所示。

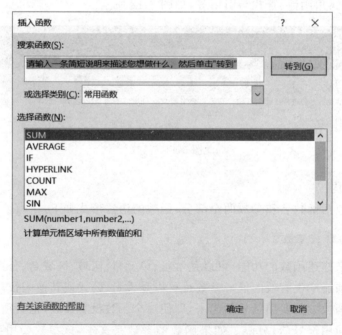

图 3-44　"插入函数"对话框

（3）在弹出的"函数参数"对话框中单击 Number1 后面的折叠按钮,用鼠标拖选单元格区域,再次单击折叠按钮,恢复对话框,如图 3-45 所示,然后单击"确定"按钮。计算结果显示在对应的单元格中。

4）常用函数的介绍

由于 Excel 的函数非常多,因此本书仅介绍几种比较常用函数的使用方法,其他函数

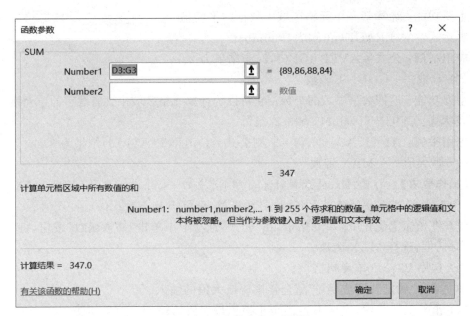

图 3-45 "函数参数"对话框

可以从 Excel 的在线帮助中了解更详细的信息。

(1) 求和——SUM 函数

主要功能：返回某一单元格区域中所有数据的和。

表达式：SUM(number1,number2,…)。

应用举例：公式＝SUM(1,2,3)结果为 6。

(2) 求平均值——AVERAGE 函数

【操作要求】 打开"Excel 素材\Excel 项目"中的 excel.xlsx 文件,利用 AVERAGE 函数计算 A 产品、B 产品全年销售平均值(均为数值型,保留小数点后 0 位)。

(1) 将光标定位在 O3 单元格内,在"公式"选项卡中单击"插入函数",打开"函数参数"对话框,选择 AVERAGE 函数。

(2) 选中 B3:M3 单元格区域。

(3) 单击"确定",完成 A 产品全年销售平均值的输入。

(4) 重复上述步骤,完成 B 产品全年销售平均值的输入,结果如图 3-46 所示。

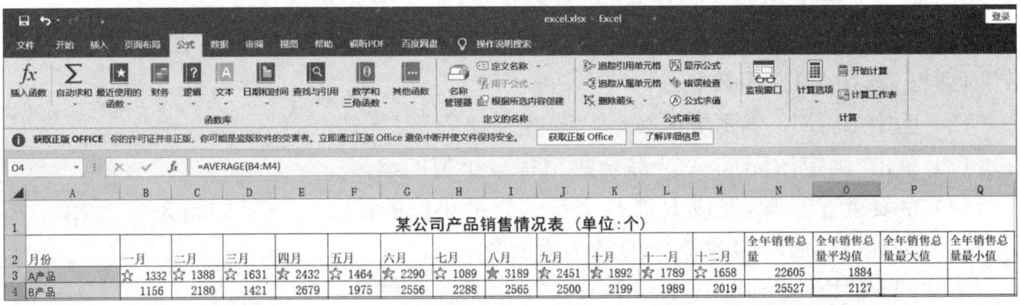

图 3-46 AVERAGE 函数的应用

主要功能：计算某一单元格区域中数据的平均值。

表达式：AVERAGE(number1,number2,…)。

应用举例：公式＝AVERAGE(1,2,3)结果为2。

(3) 计数——COUNT 函数

主要功能：返回数字参数的个数。它可以统计单元格区域中含有数字的单元格个数。

表达式：COUNT(value1,value2,…)。

应用举例：A1＝1、A2＝2、A3＝3，则公式＝COUNT(A1:A3)结果为3。

(4) 最大值——MAX 函数

【操作要求】 打开"Excel 素材\Excel 项目"中的 excel.xlsx 文件，利用 MAX 函数计算 A 产品、B 产品全年销售最大值(均为数值型，保留小数点后 0 位)。

(1) 将光标定位在 P3 单元格中，在"公式"选项卡中单击"插入函数"按钮，打开"函数参数"对话框，选择 MAX 函数。

(2) 选中 B3:M3 单元格区域。

(3) 单击"确定"，完成 A 产品全年销售最大值的输入。

(4) 重复上述步骤，完成 B 产品全年销售最大值的输入。效果如图 3-47 所示。

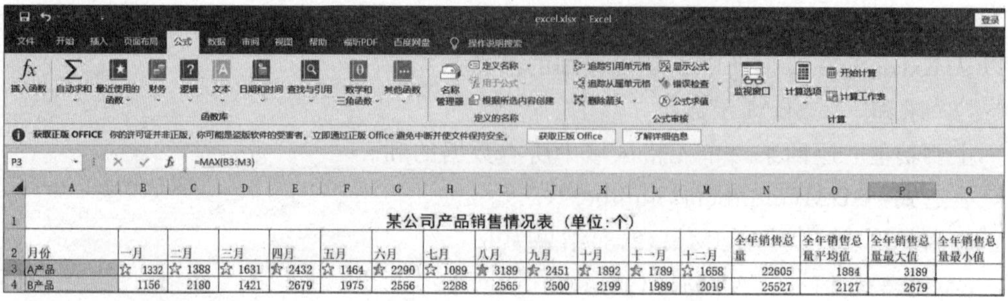

图 3-47　MAX 函数的应用

主要功能：返回一组数据中的最大值。

表达式：MAX(number1,number2,…)。

应用举例：公式＝MAX(1,9,3)结果为9。

(5) 最小值——MIN 函数

【操作要求】 打开"Excel 素材\Excel 项目"中的 excel.xlsx 文件，利用 MIN 函数计算 A 产品、B 产品全年销售最小值(均为数值型，保留小数点后 0 位)。

(1) 将光标定位在 Q3 单元格，在"公式"选项卡中单击"插入函数"按钮，打开"函数参数"对话框，选择 MIN 函数。

(2) 选中 B3:M3 单元格区域。

(3) 单击"确定"，完成 A 产品全年销售最小值的输入。

(4) 重复上述步骤，完成 B 产品全年销售最小值的输入。效果如图 3-48 所示。

主要功能：返回一组数据中的最小值。

表达式：MIN(number1,number2,…)。

应用举例：公式＝MIN(1,9,3)结果为1。

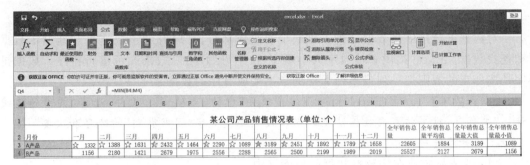

图 3-48　MIN 函数的应用

（6）判断真假——IF 函数

【操作要求】　打开"Excel 素材\Excel 项目"中的 excel.xlsx 文件，利用 IF 函数给出"销售表现"行(B7:M7)的内容：如果某月 A 产品所占百分比大于 10% 并且 B 产品所占百分比也大于 10%，在相应单元格内填入"优良"，否则填入"中等"。

（1）将光标定位在 B7 单元格中，在"公式"选项卡中单击"插入函数"按钮，打开"函数参数"对话框，选择 IF 函数。

（2）在 logical_test 文本框中输入 AND(B5>10%,B6>10%)。

（3）在 value_if_true 文本框中输入"优良"。

（4）在 value_if_false 文本框中输入"中等"，单击"确定"按钮。

（5）选定 B7 单元格，当光标呈十字状时，向 M7 拖动，填充函数，得到计算结果。效果如图 3-49 所示。

图 3-49　IF 函数的应用

主要功能：执行真假判断，根据逻辑计算的真假值，返回不同的结果。

表达式：IF(logical_test,value_if_true,value_if_false)。

任务 5　数据的管理

Excel 2016 提供了强大的数据排序、筛选、汇总等数据管理功能，以便使用者更好地进行数据管理与分析。

1. 排序

对数据进行排序是数据分析不可缺少的组成部分，排序有助于快速直观地显示数据和查找数据。Excel 提供了按数字大小顺序、按字母顺序排序、按颜色进行排序。数据排序是按一定的规则把一列或多列无序的数据变成有序的数据。

【操作要求】 打开"Excel 素材\Excel 项目"中的 excel.xlsx 文件，选择"图书销售统计表"工作表，对工作表内数据清单的内容按主要关键字"图书类别"的降序和次要关键字"季度"的升序进行排序。

(1) 将光标定位在任意有数据的单元格中。
(2) 单击"开始"→"编辑"→"排序和筛选"下拉按钮，弹出下拉菜单，选择"自定义排序"。
(3) 打开"排序"对话框，在"排序依据"下拉列表框中选择"图书类别"，次序选择"降序"。
(4) 单击"添加条件"，在"次要关键字"下拉列表框中选择"季度"，次序选择"升序"。
(5) 单击"确定"，完成排序，效果如图 3-50 所示。

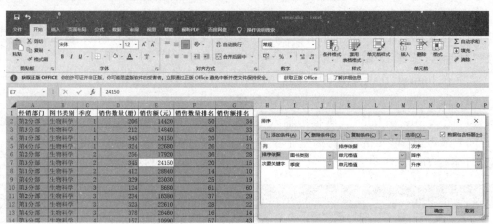

图 3-50 排序效果

1) 简单排序

简单排序是按一个字段排序，选中数据区域排序列的单元格。

(1) 选中单元格区域。
(2) 在"开始"选项卡中单击"编辑"组的"排序和筛选"中的"升序"，如图 3-51 所示。

图 3-51 排序下拉菜单

(3)弹出"排序提醒"对话框,如图3-52所示,在对话框中选中"扩展选定区域",单击"排序"按钮,即可将所选单元格区域升序排列。

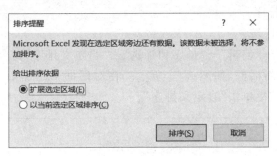

图3-52 "排序提醒"对话框

2)复杂排序

在数据列表中使用复杂排序可以实现对多字段数据进行同时排序。这多个字段也称为多关键字,通过设置主要关键字和次要关键字,来确定数据排序的优先级。

(1)选中单元格区域。

(2)选择"开始"→"编辑"→"排序和筛选"→"自定义排序"命令,如图3-53所示。

图3-53 自定义排序

(3)弹出"排序"对话框,如图3-54所示。在对话框中添加条件,将主要关键字设置为"计算机程序设计",次要关键字依次设置为"计算机应用基础""人工智能概论",单击"确定"按钮。

图3-54 设置条件

3) 自定义排序

如果排序的要求更复杂点,不按照升序降序来排列,而是按照某种排列好的序列来排列,可以采用自定义排序。

(1) 选中单元格区域。

(2) 选择"开始"→"编辑"→"排序和筛选"→"自定义排序"命令。

(3) 弹出"排序"对话框,如图 3-55 所示。在对话框中添加条件,并在主要关键字中设置"列 B",在"次序"栏单击"自定义排序"。

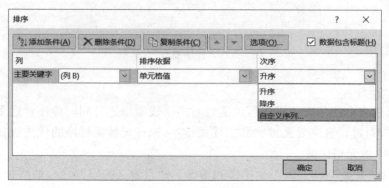

图 3-55　添加条件

(4) 在弹出的"自定义序列"对话框中分行输入"大一""大二""大三",如图 3-56 所示。单击"添加"按钮,单击"确定"按钮。

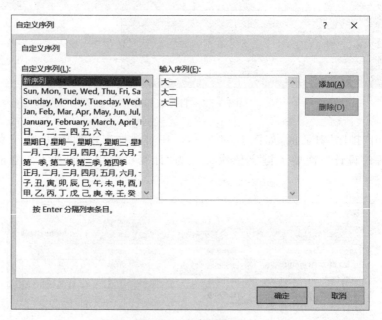

图 3-56　自定义序列

(5) 在"排序"对话框中单击"确定"按钮,如图 3-57 所示。列 B 将按照大一、大二、大三的顺序排列。

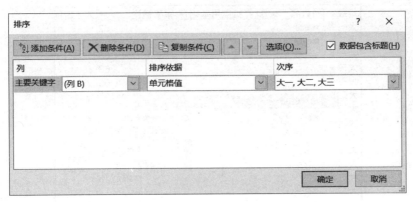

图 3-57　“排序”对话框

2. 筛选

筛选是从数据清单中查找和分析符合特定条件的数据记录的快捷方法。筛选可以只显示满足指定条件的数据记录，而不满足条件的数据记录则被暂时隐藏起来。Excel 提供自动筛选和高级筛选两种方法，其中自动筛选比较简单，而高级筛选的功能强大，可以利用复杂的筛选条件进行筛选。

1）自动筛选

（1）选中单元格。

（2）选择“开始”→“编辑”→“排序和筛选”→“筛选”命令，如图 3-58 所示。

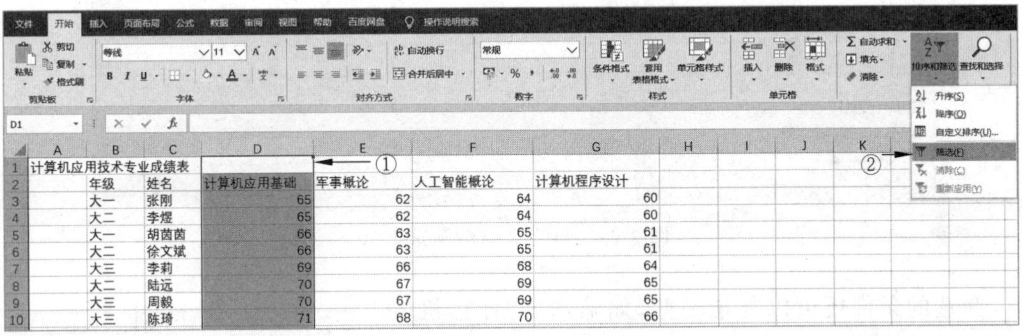

图 3-58　筛选

（3）Excel 会自动识别数据区，在列标题上添加下拉按钮，如图 3-59 所示。

年级	姓名	计算机应用基础	军事概论	人工智能概论
大一	张刚	65	62	64
大二	李煜	65	62	64
大一	胡茵茵	66	63	65
大二	徐文斌	66	63	65

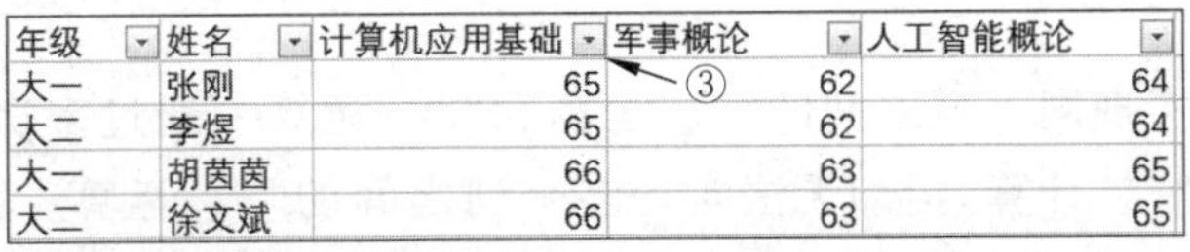

图 3-59　下拉按钮

（4）单击下拉按钮，打开自动筛选菜单，选择“数字筛选”→“大于”命令，如图 3-60 所示。

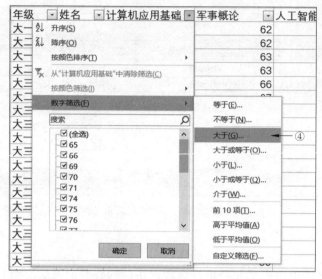

图 3-60　自动筛选菜单

(5) 弹出"自定义自动筛选方式"对话框,如图 3-61 所示。在其中按要求设置后,单击"确定"按钮,结果如图 3-62 所示。

图 3-61　自定义自动筛选方式

筛选的条件还可以复杂一些,如筛选出"计算机应用基础"的成绩在 80 分到 90 分的记录,可以在"自定义自动筛选方式"对话框中添加多个条件,如图 3-63 所示,请自行操作。

图 3-62　筛选结果

2) 高级筛选

自动筛选可以实现同一列之间的"或"运算和"与"运算。通过多次自动筛选,也可以实现不同列之间的"与"计算,但却无法实现多个列之间的"或"运算。高级筛选是针对复杂的条件筛选,利用它可以从数据清单中按照某些复杂的条件来查找符合条件的记录,操作过程简单,关键是写好筛选条件。书写筛选条件时要先划分一片条件区域,条件区域可以选择数据清单以外的任何空白处,只要空白的空间足以放下所有条件就可以。书写条件时要遵守的规则如下。

图 3-63 自定义自动筛选方式

（1）要在条件区域的第一行写上条件中用到的字段名，例如 course 工作簿中成绩汇总工作表中的"计算机应用基础""军事概论""人工智能概论""计算机程序设计"是数据清单中列的名称。在条件区域的第一行一定要写列的名称，而且列的名称一定要写在同一行中。

（2）条件的标题要与数据表的原有标题完全一致。在列的名称行的下方书写筛选条件，条件的数据要和相应列的名称在同一列。

（3）如果所用的逻辑条件有多个，在具体写条件时，要分析好条件之间是"与"关系还是"或"关系。如果是"与"关系，这些条件要写到同一行中；如果是"或"关系，这些条件要写到不同的行中。

3. 分类汇总

分类汇总其实就是对数据进行分类统计，也可以称它为分组计算。分类汇总是对数据清单中的某一字段进行求和、求平均值等操作，可以使数据变得清晰易懂。分类汇总建立在已排序的基础上，即在执行分类汇总之前，首先要对分类字段进行排序，把同类数据排列在一起。

【操作要求】 打开"Excel 素材\Excel 项目"中的 excel.xlsx 文件，完成对各图书类别销售量求和的分类汇总，汇总结果显示在数据下方。

（1）将光标定位在任意有数据的单元格中。

（2）在"数据"选项卡的"分级显示"组中，单击"分类汇总"按钮，弹出"分类汇总"对话框。

（3）在"分类汇总"对话框中，设置"分类字段"为"图书类别"，"汇总方式"为"求和"，"选定汇总项"中勾选"销售额"，勾选"替换当前分类汇总"选项，新的分类汇总将替换数据表中原有的分类汇总，勾选"汇总结果显示在数据下方"选项，可在数据下方显示汇总数据的平均值。

（4）单击"确定"按钮，完成任务要求，效果如图 3-64 所示。

4. 数据透视表

数据透视表是一种可以快速汇总、分析大量数据表格的交互式工具。使用数据透视

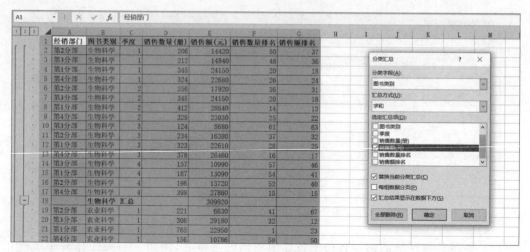

图 3-64 分类汇总效果

表可以按照数据表格的不同字段从多个角度进行透视,并建立交叉表格,用于查看数据表格不同层面的汇总信息、分析结果以及摘要数据。

使用数据透视表可以深入分析数值数据、发现关键数据,并做出对关键数据的决策。

【操作要求】 打开"Excel 素材\Excel 项目"中的 excel.xlsx 文件,选择"图书销售统计表"工作表,对工作表"图书销售工作表"内数据清单的内容建立数据透视表,按行标签为"图书类别",列标签为"经销部门",数值为"销售额(元)"求和布局,并置于现工作表的 I5:N11 单元格区域,工作表名不变。

(1) 单击成绩汇总工作表中的任意数据单元格。

(2) 在"插入"选项卡的"表格"组中,单击"数据透视表"按钮,Excel 会显示"创建数据透视表"对话框。

(3) 在弹出的"创建数据透视表"对话框中,在"请选择要分析的数据"下单击"选择一个表或区域",选择整张表。在"选择放置数据透视表的位置"下单击"现有工作表",选择 I5:N11 单元格区域,单击"确定"按钮。

(4) 在生成空白数据透视表的同时打开"数据透视表字段列表"任务窗格,在任务窗格的"选择要添加到报表的字段"列表框中选择"图书类别""经销部门""销售额",调整图表位置,效果如图 3-65 所示。

在建立完数据透视表之后,可以对它进行格式化处理,如设置字体、颜色、小数位数等。单击数据透视表后,在图 3-66 中设置样式即可。

5. 数据透视图

数据透视图是数据透视表的图形化表示工具,它能准确地显示相应数据透视表中的数据,使得数据透视表中的信息以图形的方式更加直观、更加形象地展现在用户面前。

1) 创建数据透视图

创建数据透视图的方式主要有以下三种。

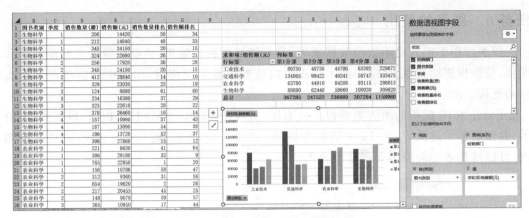

图 3-65　数据透视表效果

图 3-66　数据透视表样式

（1）在数据透视表中选择任意单元格，然后单击"数据透视表工具"中"选项"选项卡"工具"组中的"数据透视图"按钮，如图 3-67 所示。

图 3-67　"数据透视图"按钮

（2）数据透视表创建完成后单击"插入"选项卡，在图表组中也可以选取相应的图表类型创建数据透视图。

（3）如果还没有创建数据透视表，单击数据源数据中的任一单元格，单击"插入"选项卡"表格"组中的"数据透视图"按钮，如图 3-68 所示。在弹出的下拉菜单中选择"数据透视图"，Excel 将同时创建一张新的数据透视表和一张新的数据透视图。

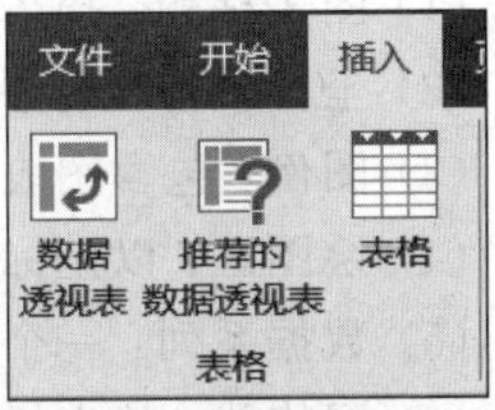

图 3-68　"数据透视表"按钮

2）编辑数据透视图

选中数据透视图，单击"设计"选项卡中的"更改图表类型"按钮，即可更改数据透视图的类型。

任务6　图表的使用

图表以图形形式显示数值数据系列,具有较好的视觉效果,能反映数据之间的关系和变化,使数据更加直观、易懂。当工作表中的数据源发生变化时,图表中对应项的数据也自动更新。

Excel 2016 提供的图表类型包括柱形图、折线图、饼图、条形图、面积图、散点图、股价图、曲面图和雷达图等,共15大类标准图表,如图3-69所示,而且有二维图表和三维图表,可以选择多种类型图表创建组合图。

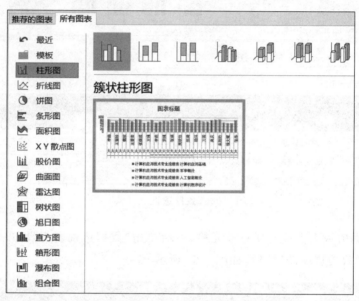

图3-69　图表类型

Excel 提供的图表有以下两种。

(1) 嵌入图表:在工作表内建立图表,将图表作为数据的补充说明。

(2) 独立图表:将图表置于同一工作簿的一个特殊的工作表中,与工作表并存。

图表中包含图表标题、坐标轴和坐标轴标题、图例、绘图区、数据系列、网格线和背景墙与基底。各组成部分的功能如下。

(1) 图表标题:描述图表的名称,默认在图表的顶端,可有可无。

(2) 坐标轴与坐标轴标题:坐标轴标题是 X 轴和 Y 轴的名称,可有可无。

(3) 图例:包含图表中相应的数据系列的名称和数据系列在图中的颜色。

(4) 绘图区:以坐标轴为界的区域。

(5) 数据系列:一个数据系列对应工作表中选定区域的一行或一列数据。

(6) 网格线:从坐标轴刻度线延伸出来并贯穿整个"绘图区"的线条系列,可有可无。

(7) 背景墙与基底:三维图表中会出现背景墙与基底,是包围在许多三维图表周围的区域,用于显示图表的维度和边界。

1. 插入图表

【操作要求】 打开"Excel 素材\Excel 项目"中的 excel.xlsx 文件,使用"产品销售情况表"工作表的"月份"行(A2:M2)、"A 所占百分比"行(A5:M5)和"B 所占百分比"行(A6:M6)数据区域的内容建立"簇状柱形图",图表标题为"产品销售统计图",图例位于底部,将图表插入当前工作表的 A9:J25 单元格区域内。

(1) 在工作表中,选中"月份"行(A2:M2)、"A 所占百分比"行(A5:M5)和"B 所占百分比"行(A6:M6)数据区域。

(2) 在"插入"选项卡的"图表"组中单击"簇状柱形图"。

(3) 单击"簇状柱形图"后即可创建图表。

(4) 修改图表标题为"产品销售统计表",调整图例位于底部。

(5) 拖动图表到 A9:J25 区域,完成任务要求,效果如图 3-70 所示。

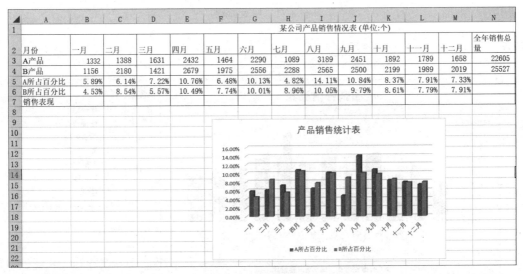

图 3-70 图表效果

2. 编辑图表

图表创建后用户还可以对图表中的"标题""系列""绘图区"等图表元素的布局进行再设计。

1) 添加标题

(1) 单击选中图表。

(2) 在 Excel 2016 中,可以直接双击图表标题文字,对标题进行修改。如图 3-71 所示,在图表中显示的"图表标题"文本框中输入"产品销售情况表"。

2) 修改图例

(1) 单击选中图表。

(2) 在图表右边会出现三个快捷操作按钮,其中 ➕ 为图表元素,可以添加、删除或更改图表元素;✏ 为图表样式,可以设置图表的样式和配色方案;▼ 为图表筛选器,如图 3-72

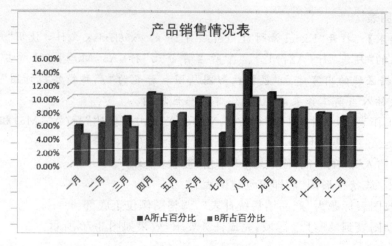

图 3-71 图表标题

所示。

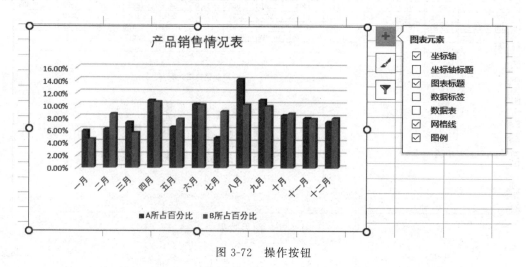

图 3-72 操作按钮

3. 图表格式化

可以通过"图表工具|格式"选项卡对图表进行格式化操作。

1) 图表背景

(1) 单击图表。

(2) 在"图表工具|格式"选项卡中单击"形状填充"按钮,出现下拉列表,选中"纹理"中的"羊皮纸",如图 3-73 所示。

2) 图表标题格式

(1) 单击图表标题。

(2) 在"图表工具|格式"选项卡中单击"艺术字样式"按钮,出现下拉列表,选中"蓝色,主题 1,阴影",如图 3-74 所示。

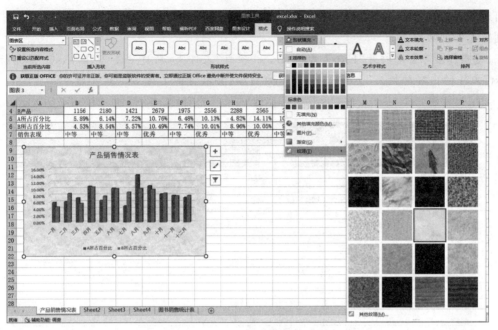

图 3-73 设置图表背景

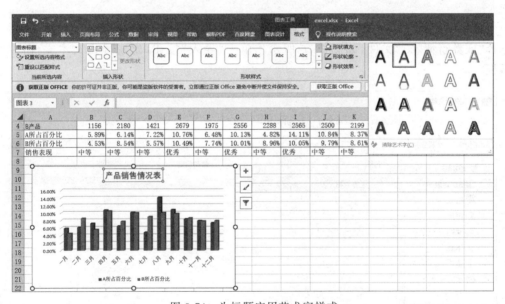

图 3-74 为标题应用艺术字样式

3.4 知识链接

3.4.1 导入外部数据

外部数据是指 Excel 工作表之外的数据,导入外部数据既可以节约时间,也可以避免出现输入错误。外部数据可以是网站文件、文本文件和数据库文件。下面以文本文件为例导入外部数据。

【操作要求】 打开"Excel 素材\Excel 项目"文件夹，新建 ex1 工作簿，将"证券行情.txt"文件的内容转换为 Excel 工作表中的内容，要求自第 1 行第 1 列开始存放。

（1）新建 ex1.xlsx 文件，单击"数据"选项卡下的"自文本"按钮，如图 3-75 所示。

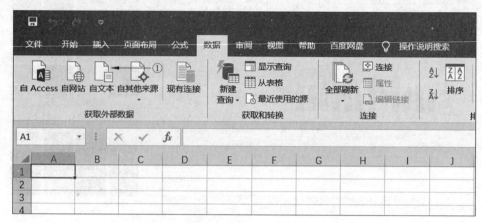

图 3-75　获取外部数据

（2）在"地址栏"列表中选择"证券行情.txt"文件所在路径——"Excel 项目"文件夹。选择"证券行情.txt"文件，如图 3-76 所示。单击"导入"按钮，出现导入文本文件向导对话框。

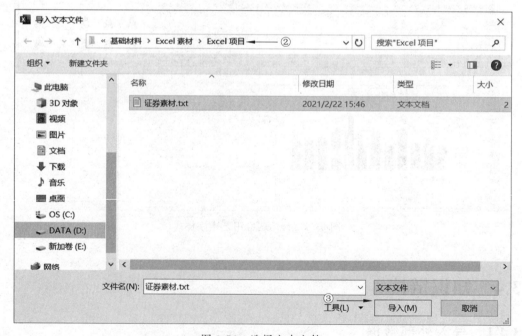

图 3-76　选择文本文件

（3）在图 3-77 中设置好文件的原始数据类型、导入起始行和文件原始格式后，单击"下一步"按钮。

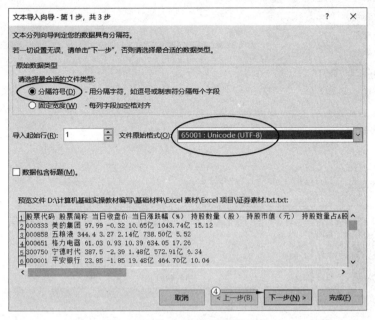

图 3-77　文本导入向导 第 1 步

（4）在图 3-78 所示的对话框中，勾选分隔符号为"空格"，单击"下一步"按钮。出现如图 3-79 所示的对话框。

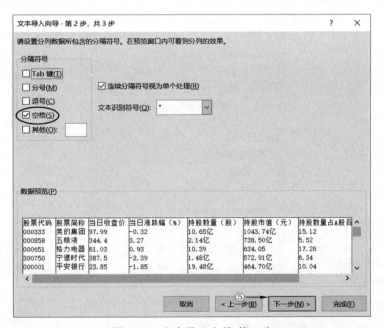

图 3-78　文本导入向导 第 2 步

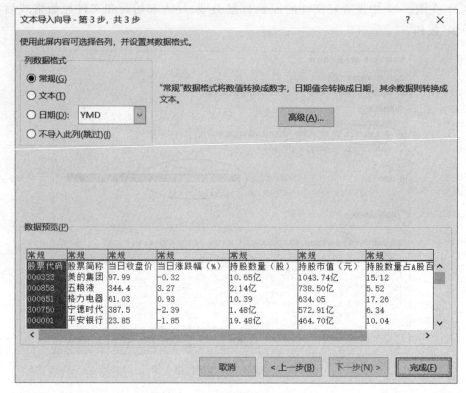

图 3-79　文本导入向导 第3步

(5) 单击"完成"按钮,弹出"导入数据"对话框,如图3-80所示。

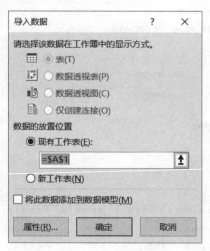

图 3-80　导入数据

(6) 设定好数据放置的位置后,单击"确定"按钮,效果如图3-81所示。
(7) 完成数据导入,保存 ex1.xlsx 文件。

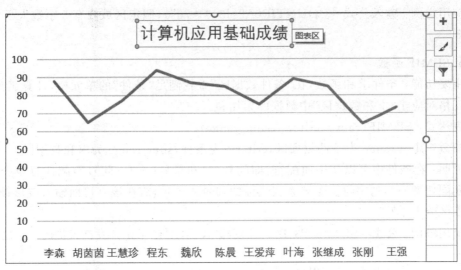

图 3-81 利用外部数据创建图表

3.4.2 相关函数

1. RANK 函数

主要功能：排序函数，返回某数字在一列数字中相对于其他数值的大小排名。

表达式：RANK(number,ref,order)。

参数：其中,number 为要查找排名的数字,ref 为一组数或对一个数据列表的引用,order 为在列表中排名的数字。

说明：在 order 中 0 或忽略为降序；非零值为升序。

应用举例：公式＝RANK(B3,＄B＄3:＄B＄12,0)。

2. 返回余数——MOD 函数

主要功能：返回两数相除的余数,结果的正负号与除数相同。

表达式：MOD(number,divisor)。

参数：其中 number 为被除数,divisor 为除数。

说明：如果 divisor 为零,函数 MOD 返回错误值。

应用举例：公式＝MOD(65473,3)结果为 1。

3. 条件计数——COUNTIF 函数

主要功能：对区域中满足单个指定条件的单元格进行计数。

表达式：COUNTIF(range,criteria)。

参数：range 为要对其进行计数的一个或多个单元格,其中包括数字或名称、数组或包含数字的引用,空值和文本值将被忽略；criteria 是条件,满足此条件则计数。

说明：在条件中可以使用通配符,即问号(?)和星号(＊)。问号匹配任意单个字符,星号匹配任意一系列字符。若要查找实际的问号或星号,需在该字符前输入波形符(～)。条件不区分大小写。

应用举例：输入公式=COUNTIF(A2:J3,">70")，假定区域内有5个数大于70，则返回5。

4. SUMIF 函数

主要功能：条件求和函数，在"条件数据区"查找满足"条件"的单元格，计算满足条件的单元格对应于"求和数据区"中数据的累加和。

表达式：SUMIF(range,criteria,sum_range)。

参数：其中 range 为条件数据区，criteria 为条件，sum_range 为求和数据区。

说明：在条件中可以使用通配符，即问号(?)和星号(*)。问号匹配任意单个字符，星号匹配任意一系列字符。若要查找实际的问号或星号，需在该字符前输入波形符(～)。条件不区分大小写。

应用举例：公式=SUMIF(B3:B8,"开发部",C3:C4)结果是开发部人员的工资之和。

3.5 Excel 综合实训

1. Excel 综合实训 1

打开"Excel 素材\Excel 综合实训-1"文件夹下的电子表格，参照图 3-82，按照下列要求完成对此文稿的修饰并保存。

1) 在考生文件夹下打开 EXCEL.XLSX 文件

(1) 将 Sheet1 工作表命名为"十二月份工资表"，用智能填充添加"工号"列。

(2) 将"十二月份工资表"工作表中的 AI:L1 单元格合并为一个单元格，文字居中对齐。文字设置为楷体、字号为 16、加粗。将工作表中的其他文字(A2:L40)设置居中对齐。设置 D3:L40 区域的单元格数字格式为货币，保留 1 位小数。为表格添加内边框线和外边框线。设置 A2:L2 区域的单元格底纹填充为黄色(标准色)。

(3) 利用 IF 函数，根据"绩效评分"计算"奖金"，计算规则如下。

绩效评分	奖金/元
≥90	1000
80～89	800
70～79	600
60～69	400
<60	100

(4) 利用求和公式计算应发工资(应发工资=基本工资+岗位津贴+房屋补贴+饭补+奖金)和实发工资(实发工资=应发工资－住房基金－所得税)。

(5) 选取"工号"列(A2:A40)和"实发工资"列(L2:L40)的单元格内容，建立"簇状柱形图"，图表标题为"十二月份工资图"，位于图表上方，将图表插入到表的 A42:L60 单元格区域内。

2) 打开工作薄文件 EXC.XLSX

(6) 对工作表"产品销售情况表"内数据清单的内容按主要关键字"产品类别"的降序

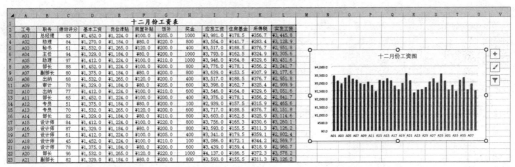

图 3-82　Excel 综合实训 1 样张

次序和次要关键字"分公司"的升序次序进行排序(排序依据均为"数值")。

(7) 对排序后的数据进行高级筛选(在数据清单前插入四行,条件区域设在 A1:G3 单元格区域。在对应字段列内输入条件),条件是:产品名称为"空调"或"电视"且销售额排名在前 30(小于或等于 30),工作表名不变,保存 EXC.XLSX 工作簿。

(8) 将工作簿以文件名:EX1.xlsx,存放于"Excel 综合实训"文件夹中。

2. Excel 综合实训 2

打开"Excel 素材\Excel 综合实训-2"文件夹下的电子表格 Excel.xlsx,参照图 3-83,按照下列要求完成对此电子表格的操作并保存。

(1) 选择 Sheet1 工作表,将 A1:E1 单元格合并为一个单元格,文字居中对齐。

(2) 依据工作簿中"学生班级信息表"中的信息填写 Sheet1 工作表中"班级"列(D3:D34)的内容(要求利用 VLOOKUP 函数)。

(3) 依据 Sheet1 工作表中成绩等级对照表信息(G3:H6 单元格区域)填写"成绩等级"列(E3:E34)的内容(要求利用 IF 函数)。

(4) 计算每门课程的平均成绩并置于 H11:H14 单元格区域(要求利用 AVERAGEIF 函数)。

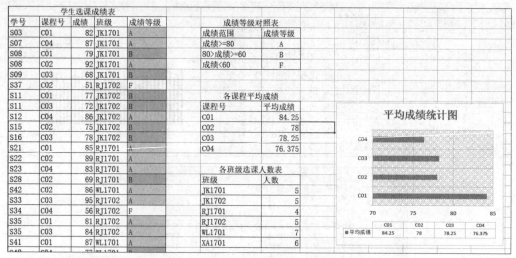

图 3-83　Excel 综合实训 2 样张

(5) 计算各班级选课人数并置于 H18：H23 单元格区域(要求利用 COUNTIF 函数)。

(6) 利用条件格式将成绩等级列 E3：E34 单元格区域内内容为 A 的单元格设置为绿填充色深绿色文本，内容为"B"的单元格设置为浅红填充色深红色文本。

(7) 取 Sheet1 工作表中各课程平均成绩中的"课程号"列(G10：G14)、"平均成绩"列(H10：H14)数据区域的内容建立"簇状条形图"，图表标题为"平均成绩统计图"。以"布局 5"和"样式 6"修饰图表，以"单色-颜色 7"更改图表数据条颜色。将图表插入当前工作表的 J10：N23 单元格区域内，将 Sheet1 工作表命名为"学生选课成绩表"。

(8) 选择"图书销售统计表"工作表，对工作表内数据清单的内容进行高级筛选(在数据清单前插入四行，条件区域设在 A1：G3 单元格区域请在对应字段列内输入条件)，条件为："农业科学"类图书，并且销售数量排名小于 50 或者销售额排名小于 50，工作表名不变，保存 EXCEL.XLS 工作薄。

3. Excel 综合实训 3

打开"Excel 素材\Excel 综合实训-3"文件夹下的电子表格 Excel.xlsx,参照图 3-84,按照下列要求完成对此电子表格的操作并保存。

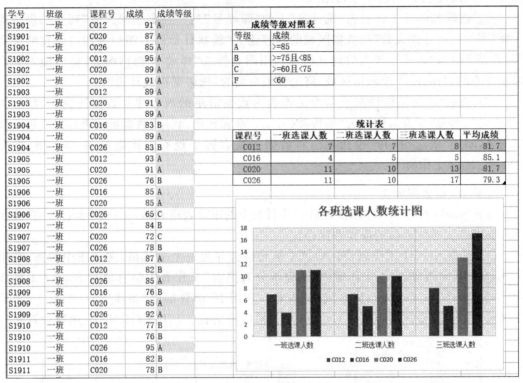

图 3-84　Excel 综合实训 3 样张

(1) 选取 Sheet1 工作表,将 A1:F1 单元格合并为一个单元格,文字居中对齐。利用 VLOOKUP 函数,依据工作薄中""学生班级信息表"工作表中的信息填写 Sheet1 工作表中"班级"列的内容,利用 IF 函数给出"成绩等级"列的内容,成绩等级对照依据 G4:H8 单元格区域信息。利用 COUNTIFS 函数分别计算每门课程(以课程号标识)一班、二班、三班的选课人数,分别置于 H14:H17、I14:I17、J14:J17 单元格区域。利用 AVERAGEIF

函数计算各门课程(以课程号标识)平均成绩置 K14:K17 单元格区域(数值型,保留小数点后 1 位)。利用条件格式修饰"成绩等级"列,将成绩等级为 A 的单元格设置颜色为"水绿色、个性色 5、淡色 40%"、样式为"25%灰色"的图案填充。将 G13:K17 单元格区域设置为"表样式浅色 2"的套用表格格式。

(2) 选取 Sheet1 工作表内"统计表"下的"课程号"列、"一班选课人数"列、"二班选课人数"列、"三班选课人数"列数据区域的内容建立"簇状柱形图",图例为四门课程的课程号,图表标题为"各班选课人数统计图",利用图表样式"样式 7"修饰图表,将图插入到当前工作表的 G19:K34 单元格区域,将工作表命名为"选修课程统计表"。

(3) 选取"产品销售情况表",对工作表内数据清单的内容建立数据透视表,按行为"分公司",列为"季度",数据为"销售额(万元)"求和布局,利用"数据透视表样式浅色 9 修饰图表,添加"镶边行"和"镶边列",将数据透视表置于现有工作表的 I2 单元格,保存 EXCEL.XLS 工作薄。

4. Excel 综合实训 4

打开"Excel 素材\Excel 综合实训-4"文件夹下的电子表格 Excel.xlsx,参照图 3-85,按照下列要求完成对此表格的操作并保存。

(1) 选取 Sheet1 工作表,将 A1:E1 单元格合并为一个单元格,文字居中对齐;利用 VLOOKUP 函数,依据本工作薄中"课程学分对照表"工作表中信息填写 Sheet1 工作表中"学分"列(C3:C110 单元格区域)的内容。利用 IF 函数给出"备注"列(E3:E110 单元格区域)的内容,备注内容依据 G4:H6 单元格区域信息。利用 COUNTIF 函数计算每门

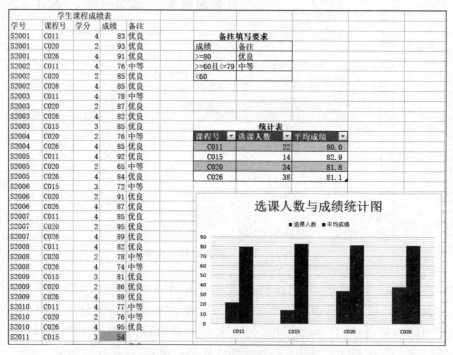

图 3-85　Excel 综合实训 4 样张

销售额(元)	销售数量排名	销售额排名
8680	61	60
9630	29	54
21750	8	23
17920	36	28
8350	55	61
10990	57	43
13090	54	38
10650	47	48
13720	52	37
10950	42	44
16380	37	29
14420	50	34

求和项:销售额(元)	列标签				
行标签	第1分部	第2分部	第3分部	第4分部	总计
工业技术	80750	40750	44780	63392	229672
交通科学	134065	99422	49241	50747	333475
农业科学	63780	44910	84208	93115	286013
生物科学	88690	62440	58660	100030	309820
总计	367285	247522	236889	307284	1158980

图 3-85 （续）

课程（以课程号标识）选课人数置于 H14:H17 单元格区域。利用 AVERAGEIF 函数计算各门课程（以课程号标识）平均成绩置 I14:I17 单元格区域（数值型，保留小数点后 1 位）。利用条件格式修饰"成绩"列（D3:D110 单元格区域），将成绩小于 60 分的单元格设置颜色为"浅红色填充"，将 G13:I17 单元格区域设置为"表样式中等深浅 6"的表格样式。

（2）使用 Sheet1 工作表内"统计表"下的"课程号"列（G13:G17）、"选课人数"列（H13:H17）、"平均成绩"列（I13:I17）数据区域的内容建立"簇状柱形图"，图表标题为"选课人数与成绩统计图"。利用图表样式"样式 11"修饰图表，将图插入到当前工作表的 G19:K33 单元格区域，将工作表命名为"成绩统计表"。

（3）选择"图书销售统计表"工作表，对工作表"图书销售统计表"内数据清单的内容建立数据透视表，按行标签为"图书类别"，列标签为"经销部门"，数值为"销售额（元）"求和布局，并置于现工作表的 I5:N11 单元格区域。

项目 4

PowerPoint 2016 演示文稿

PowerPoint 2016 是 Office 2016 的组件之一,是微软公司设计的演示文稿软件。用户不仅可以在投影仪或者计算机上进行演示,也可以将演示文稿打印出来,制作成胶片,以便应用到更广泛的领域中。利用 PowerPoint 不仅可以创建演示文稿,还可以在互联网上召开面对面会议、远程会议或在网上给观众展示演示文稿。PowerPoint 文档的扩展名为.pptx,也可以保存为.pdf、图片格式等,还可以发布为网页格式。演示文稿中的每一页就是一张幻灯片,每张幻灯片都是演示文稿中既相互独立又相互联系的内容。

4.1 项目提出

调入"PowerPoint 素材\PowerPoint 项目"中的 Web.pptx 文件,参考图 4-1,按下列要求进行操作。

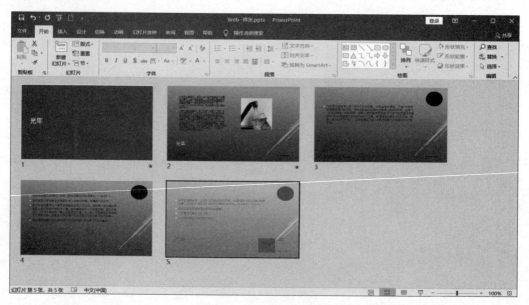

图 4-1 PowerPoint 样张

(1) 在第 1 张幻灯片之前插入一张新幻灯片,版式为标题幻灯片,在它的标题区域输入文字"光年"。

(2) 复制第 3 张幻灯片,放到最后作为最后一张幻灯片,删除第 6 张幻灯片;将第 2 张幻灯片和第 3 张幻灯片交换位置,将"换算公式"添加在最后一张幻灯片的备注中。

(3) 将第 2 张幻灯片的版式更改为"两栏文本"。

(4) 为所有幻灯片应用"切片"主题,全部幻灯片切换方案为"旋转",效果为"自底部"。将第 1 张幻灯片的背景设置为"白色大理石"纹理,并隐藏背景图形。

(5) 利用母版设置 Web.pptx 的第 3~5 张幻灯片的标题样式为加粗、倾斜、"标准-红色",并在幻灯片的右上角插入笑脸形状。单击该形状,超链接到第 1 张幻灯片。

(6) 在第 2 张幻灯片右侧内容区,插入图片 ppt1.png,并设置图片的"进入"动画效果为"旋转"。

(7) 在第 5 张幻灯片右下角插入一个文本框,内容为"返回"。在第 4 张幻灯片标题区域插入一行艺术字,内容为"实例",采用艺术字库中第 3 行第 4 列的样式,字体为隶书,字号为 60 磅。

(8) 给幻灯片插入页码和自动更新的日期,格式为"××××年××月××日星期×",页脚内容为"光年到底有多远",在标题幻灯片中不显示。

(9) 在第 5 张幻灯片"谢谢观看"介绍的右下角插入按钮"转到主页",设置鼠标指针移过该按钮时,超链接到第 1 张幻灯片。

(10) 在幻灯片最后插入一张版式为"空白"的幻灯片,插入一个 SmartArt 图形,版式为"线型列表",SmartArt 样式为"优雅",SmartArt 图形中的所有文字从文本文件 pt1.txt 中获取。SmartArt 图开动画设置为"进入/飞入"。

(11) 设置所有幻灯片的切换效果为"百叶窗",速度为 3 秒,换片方式为单击时。设置幻灯片的放映方式为观众自行浏览,循环放映。

(12) 隐藏最后一张幻灯片,并将制作好的演示文稿以文件名 Web.pptx 保存,文件存放于"PowerPoint 素材\PowerPoint 项目"中。

4.2 知识目标

(1) 掌握 PowerPoint 演示文稿的创建、保存、关闭及放映的方法。
(2) 掌握幻灯片新建、删除、插入和复制的方法。
(3) 掌握幻灯片模板设计和格式的设置方法。
(4) 掌握在幻灯片中插入超链接、动作按钮、日期与编号、图片和艺术字等的方法。
(5) 掌握幻灯片切换和自定义动画的设置方法。

4.3 项目实施

任务 1　PowerPoint 2016 的基本操作

1. PowerPoint 2016 的启动和关闭

用户可以通过多种不同的方式打开 PowerPoint 2016,下面以双击桌面上的快捷方式来打开 PowerPoint 2016 为例进行介绍。

（1）双击桌面上的快捷图标。

（2）当 PowerPoint 软件打开后，单击空白演示文稿，会自动创建一个名为"演示文稿1"的临时文稿，如图 4-2 所示，文稿名称显示在窗口上方的标题栏上，这时用户就可以对演示文稿进行编辑了。

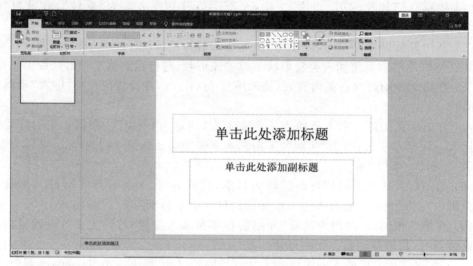

图 4-2　PowerPoint 2016 的启动和关闭

（3）单击"关闭"按钮 ❌ 可关闭 PowerPoint。

2. PowerPoint 2016 窗口的组成

PowerPoint 窗口主要由标题栏、选项卡、组、幻灯片编辑区、幻灯片列表区、视图按钮、备注区等组成，如图 4-3 所示。

图 4-3　PowerPoint 窗口的组成

(1) 标题栏：显示当前正在编辑的文档的名称，如"演示文稿1"。

(2) 选项卡：在每个选项卡下有若干组或命令。

(3) 组：通常 PowerPoint 默认显示"开始"选项卡，其中的按钮都代表一个命令，可以完成一定的功能。

如在"开始"选项卡中包含的按钮如下。

① "幻灯片"组中包含"新建幻灯片""版式""重设""节"按钮。

② "字体"组中包含"字体""加粗""斜体"和"字号"按钮。

③ "段落"组中包含"文本右对齐""文本左对齐""两端对齐"和"居中"按钮。

④ "绘图"组中的绘图工具和 Office 其他软件中的类似，可以绘制一些简单的图形。

(4) 幻灯片编辑区：在幻灯片编辑区内用户可以对幻灯片进行编辑，幻灯片编辑区里的文本框也叫"占位符"。

(5) 幻灯片列表区：在幻灯片列表区，可以以缩略图的方式按顺序显示幻灯片，也可以以"大纲"的形式显示幻灯片的标题等主要内容。

(6) 视图按钮：幻灯片在窗口中的不同显示方式，称为视图。

① 普通视图：在普通视图中，用户可以采用"所见即所得"的方式编辑幻灯片，打开 PowerPoint 后默认是普通视图。

② 幻灯片浏览视图：以缩略图的形式将所有幻灯片显示在屏幕上。

③ 从当前幻灯片开始幻灯片放映：用户编辑某张幻灯片以后，想查看该幻灯片的放映效果，但又不想从头开始播放，可以单击按钮，从当前幻灯片开始播放。

(7) 备注区：每页幻灯片可以有独立的备注，打印幻灯片的时候，可以选择是否打印备注。

3. 创建演示文稿

1) 创建空白演示文稿

启动 PowerPoint 2016，系统自动创建一个文件名为"演示文稿1"的空白演示文稿，默认情况下，该演示文稿包含一张标题幻灯片。

2) 根据模板创建演示文稿

在 PowerPoint 2016 中，可以根据模板新建演示文稿。根据模板创建演示文稿的操作步骤如下。

(1) 启动 PowerPoint 2016，自动创建一个空白演示文稿，默认文件名为"演示文稿1"，如图 4-4 所示。

(2) 在"开始"选项卡中单击"新建幻灯片"按钮。

(3) 在"新建幻灯片"下拉列表中选择"标题幻灯片"模板，如图 4-5 所示。

(4) 如果需要其他模板，可以选择"设计"选项卡中的模板，如图 4-6 所示，也可通过浏览主题将外部模板引用到幻灯片中。

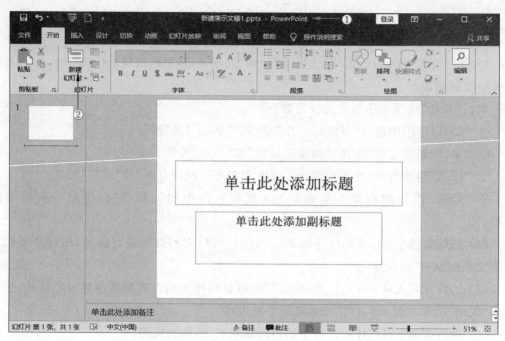

图 4-4　新建演示文稿

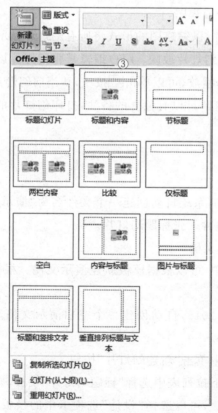

图 4-5　"新建幻灯片"下拉列表

图 4-6　演示文稿模板

4. 保存演示文稿

选择"文件"→"另存为"命令,再选择相应的路径,如图 4-7 所示,修改文件名,单击"保存"按钮。

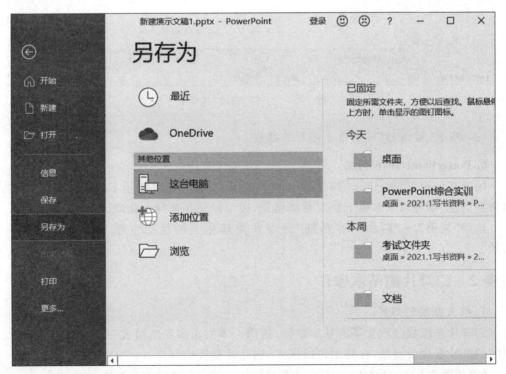

图 4-7　另存文件

5. 放映幻灯片

幻灯片的播放有两种情况,一种是从头开始播放,另一种是从某张幻灯片开始播放。从第 1 张幻灯片开始播放的方法有两种。

(1) 选择"幻灯片放映"→"开始放映幻灯片"→"从头开始"命令,如图 4-8 所示,幻灯片从第 1 张开始播放。

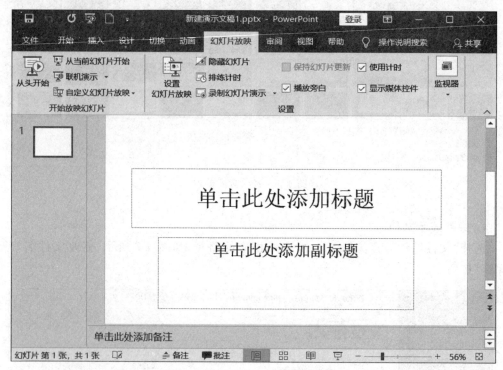

图 4-8 "幻灯片放映"选项卡

(2) 按 F5 键,幻灯片从第 1 张开始播放。

6. PowerPoint 2016 帮助

用户在使用 PowerPoint 的过程中如果遇到了问题,可以使用 PowerPoint 的帮助获取帮助信息,既可以从本机上获取帮助信息,还可以从互联网上获取。

选择"帮助"→"帮助"→"帮助"命令来查看相关的帮助主题,如图 4-9 和图 4-10 所示。

任务 2 幻灯片的基本操作

1. 插入新的幻灯片

幻灯片是组成演示文稿的基本单位,就像一本书由多张纸组成一样,可以把演示文稿里的幻灯片看成活页纸,在其中可以插入、删除及交换幻灯片。

【操作要求】 打开"PowerPoint 素材\PowerPoint 项目"文件夹中的 Web.pptx 文件,在第 1 张幻灯片之前插入一张新幻灯片,版式为标题幻灯片,在它的标题区域输入文

图 4-9　帮助窗口 1

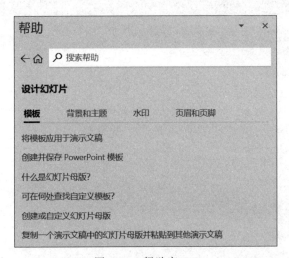

图 4-10　帮助窗口 2

字"光年"。

插入新幻灯片的操作步骤如下。

方法一：

（1）在左侧幻灯片列表区的第 1 张幻灯片上方间隙处单击，出现一个闪烁的光标。

（2）单击"开始"选项卡中的"新建幻灯片"按钮，如图 4-4 所示。

（3）幻灯片列表区新增一张空白幻灯片，默认是"标题幻灯片"的版式。若要添加其他版式，可在"新建幻灯片"的下拉列表中选择所需要的版式，如图 4-11 所示。

（4）在"单击此处添加标题"占位符上单击，输入文字"光年"，如图 4-12 所示。

（5）幻灯片编辑区和幻灯片列表区同时更新文本框的内容，然后保存该演示文稿。

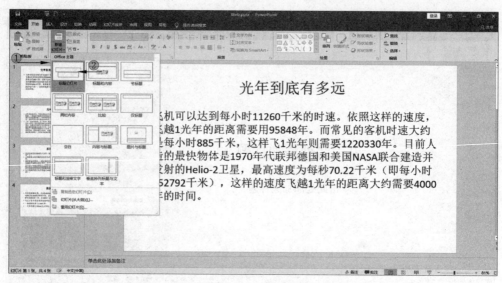

图 4-11　插入新幻灯片

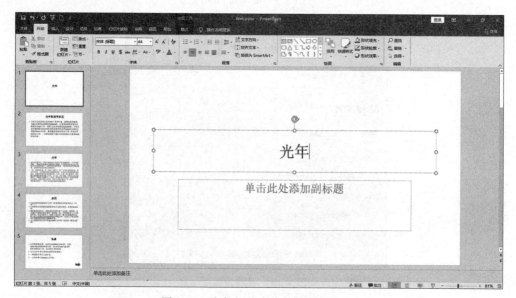

图 4-12　在幻灯片占位符处添加文字

方法二：

(1) 在幻灯片列表区选中第 1 张幻灯片。

(2) 单击"开始"选项卡中的"新建幻灯片"按钮。

(3) 此时会在第 1 张幻灯片的下方增加一张新的幻灯片，且版式为"标题和文本"，将新增的第 2 张幻灯片移动到第 1 张幻灯片的位置，并修改幻灯片的版式，保存该演示文稿。

2. 幻灯片的复制

制作幻灯片时，有时同一类型或者模板的幻灯片需要多张，此时可以先制作一张幻灯片，然后通过复制该幻灯片，对其内容稍加修改，就可以得到多张幻灯片。

【操作要求】 打开"PowerPoint 素材\PowerPoint 项目"文件夹中的 Web.pptx 文件,复制第 3 张幻灯片并放到最后,作为最后一张幻灯片。

复制幻灯片的操作步骤如下。

(1) 选中第 3 张幻灯片后右击,在弹出的快捷菜单中选择"复制"命令,如图 4-13 所示。

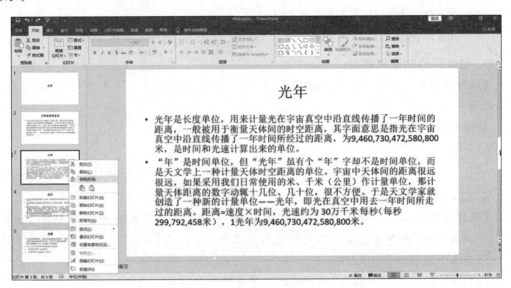

图 4-13　复制新增的幻灯片

(2) 单击最后一张幻灯片空白地方,出现闪烁光标,右击,选择"粘贴"命令,如图 4-14 所示。

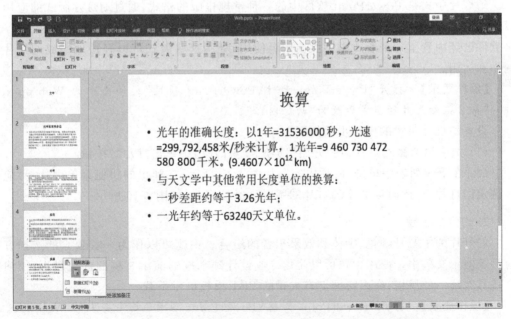

图 4-14　粘贴幻灯片

(3) 单击"保存"按钮,用原文件名保存该演示文稿。

提示:复制粘贴的操作也可以通过按 Ctrl+C 键和 Ctrl+V 键进行。

【操作要求】 打开"PowerPoint 素材\PowerPoint 项目"文件夹中的 Web.pptx 文件,将第 2 张幻灯片和第 3 张幻灯片交换位置。

移动幻灯片的操作步骤如下。

(1) 单击第二张幻灯片并按住左键不放。

(2) 用鼠标拖动将其移动到编号为 4 的幻灯片之前,保存该演示文稿。

3. 幻灯片的删除和移动

【操作要求】 打开"PowerPoint 素材\PowerPoint 项目"文件夹中的 Web.pptx 文件,删除第 6 张幻灯片。

删除幻灯片的操作步骤如下。

(1) 选中第 6 张幻灯片。

(2) 右击,选择"删除幻灯片"命令,或者按 Delete 键直接删除,保存该演示文稿。

4. 幻灯片备注添加内容

【操作要求】 打开"PowerPoint 素材\PowerPoint 项目"文件夹中的 Web.pptx 文件,将"换算公式"添加在最后一张幻灯片的备注中。

(1) 选中最后一张幻灯片。

(2) 在幻灯片备注中输入"换算公式",保存该演示文稿。

任务 3 幻灯片的格式

1. 幻灯片版式应用

幻灯片版式是 PowerPoint 软件中的一种常规排版的格式,通过幻灯片版式的应用可以对文字、图片等进行更加合理、简洁的布局,版式有文字版式、内容版式、其他版式。通常软件已经内置了几个版式类型供使用者使用,利用这些版式可以轻松地完成幻灯片的制作和运用。

【操作要求】 打开"PowerPoint 素材\PowerPoint 项目"文件夹中的 Web.pptx 文件,将第 2 张幻灯片的版式更改为"两栏内容"。

设置幻灯片版式的操作步骤如下。

(1) 选中第 2 张幻灯片,在"开始"选项卡幻灯片组中单击"版式"按钮。

(2) 在下拉列表中单击"两栏内容",如图 4-15 所示,在弹出的快捷菜单中选择"应用于选定幻灯片"。此时第 2 张幻灯片的版式已经被修改,如图 4-16 所示。

2. 幻灯片主题

幻灯片的主题是颜色、字体和效果三者的组合。主题可以作为一套独立的选择方案应用于演示文稿中。使用主题可以简化专业设计师水准的演示文稿的创建过程,使演示文稿具有统一的风格,在因特网上有大量 PPT 模板可供下载。

【操作要求】 打开"PowerPoint 素材\PowerPoint 项目"文件夹中的 Web.pptx 文件,为所有幻灯片应用"切片"主题,全部幻灯片切换方案为"旋转",效果为"自底部"。

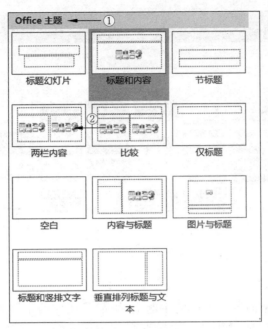

图 4-15 幻灯片版式

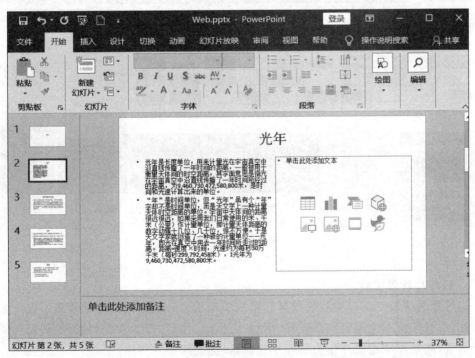

图 4-16 修改效果

为所有幻灯片设置主题的操作步骤如下。
(1) 单击"设计"选项卡中的主题命令,打开幻灯片主题任务窗格,如图 4-17 所示。

图 4-17 "设计"选项卡

(2) 将鼠标指针指向各个不同的主题上,可显示相应的主题名称,找到"切片"主题,单击即可完成主题的设置,如图 4-18 所示。

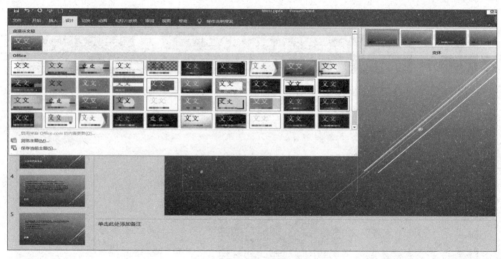

图 4-18 主题设置

3. 幻灯片背景设置

幻灯片的背景对幻灯片放映效果起着重要作用。一幅好的幻灯片背景不仅充实美化幻灯片,而且使演示文稿更加系统和专业。可以通过对幻灯片背景的颜色、图案和纹理等进行调整,甚至用特定图片作为幻灯片背景,以达到期望的效果。

【操作要求】 打开"PowerPoint 素材\PowerPoint 项目"文件夹中的 Web.pptx 文件,将第 1 张幻灯片的背景设置为"白色大理石"纹理,并隐藏背景图形。

设置幻灯片背景颜色的操作步骤如下。

(1) 选中第 1 张幻灯片,选择"设计"→"自定义"→"设置背景格式"命令。
(2) 在"填充"区中选中"图片或纹理填充",如图 4-19 所示。

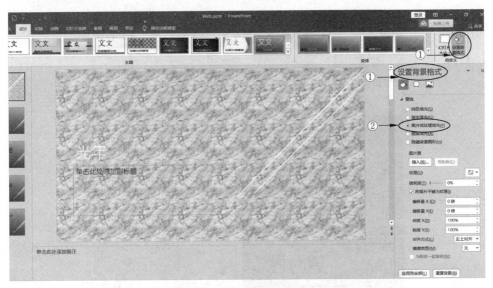

图 4-19　选中"图片或纹理填充"

(3) 在如图 4-20 所示的"纹理"框中,选择"白色大理石"纹理。

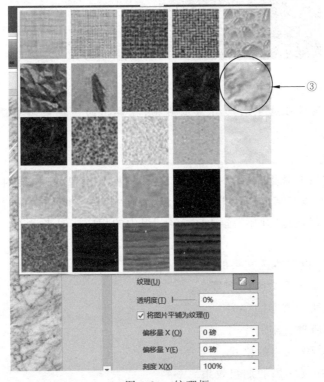

图 4-20　纹理框

(4) 在"填充"区中选中"纯色填充",如图 4-21 所示,然后选中"隐藏背景图形"复选框。

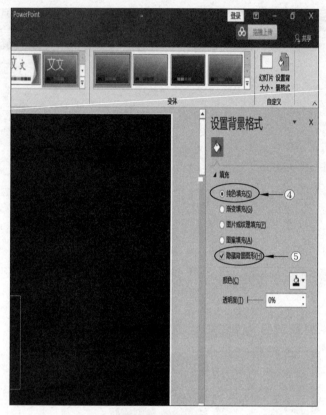

图 4-21　颜色框

注意：也可以通过在选中的幻灯片上右击,在弹出的快捷菜单中选择"设置背景格式"命令进行设置。

4. 字体的效果

文字的各种字形和效果都是通过"字体"对话框框来设置的,如果用户需要改变字形和效果,应先选中要改变字形和效果的文本,然后在"字体"对话框中进行设置。另外,字形和部分效果也可以通过"开始"选项卡"字体"组中的相应按钮来设置。"字体"组中各个按钮的含义如下。

(1) 宋体(中文正▼)：设置所选文字的字体。

(2) 五号 ▼：设置选定文字的字号。

(3) A⁺：增大所选文字的字号。

(4) A⁻：减小所选文字的字号。

(5) A₂：清除所选文字的格式。

(6) B：为选中文字添加加粗效果。

(7) I：添加或取消选中文字的倾斜效果。

(8) ⓤ：添加或取消选中文字的下画线。同样，单击按钮右侧的下拉按钮会弹出下画线类型下拉列表，从中选择一种所需的下画线。此外，用户还可利用该工具的下拉列表设置下画线的颜色。

(9) abc：为选中的文字添加或取消删除线。

(10) Aa：将选中的所有文字改为全部大写、全部小写或其他常见的大小写形式。

(11) A：更改文字的颜色。单击右侧的下拉按钮，可在弹出的颜色下拉列表中选择颜色。

5. PowerPoint 表格的制作

表格由一行或多行单元格组成，用于显示数字和其他项以便快速引用和分析。在文档中插入表格可以使内容简明，且方便直观。

1) 插入表格

在 PowerPoint 2016 中，用户可以按以下方法插入表格。

(1) 将光标置于要插入表格的位置，选择"插入"选项卡，切换到"表格"组中的"表格"下拉按钮，拖动鼠标选择行数和列数，如图 4-22 所示，即可插入相应的表格。

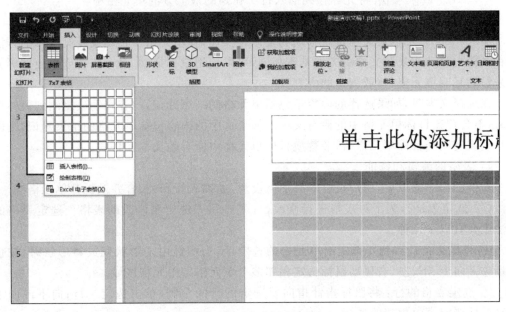

图 4-22 手动创建表格

插入表格后，会自动切换到"表格|工具"选项卡，用户可选择它对表格进行设置。

(2) 选择"插入"→"表格"→"表格"→"插入表格"命令，打开"插入表格"对话框，如图 4-23 所示，在其中设置表格的列数、行数，然后单击"确定"按钮。

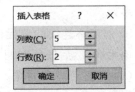

图 4-23 "插入表格"对话框

2) 绘制表格

选择"插入"选项卡，单击"表格"组中的"表格"下拉按钮，执行"绘制表格"命令，当光标变成笔状时，在工作区中拖动鼠标绘制表格。

3）向表格中输入和编辑文本

表格制作完成后，就需要向表格中输入内容，向表格中输入内容也就是指向单元格中输入内容，输入完文本后，根据需要，可以对输入的文本进行编辑。

在单元格中输入文本与在文档中输入文本的方法是一样的，都是先指定插入点的位置，即在表格中单击要输入文本的单元格（即可将插入符移到要输入文本的单元格中），然后再输入文本。

在单元格中输入文本时，可以配合下面的快捷键在表格中快速地移动插入符。

（1）Tab：移到同一行的下一个单元格中。

（2）Shift+Tab：移到同一行的前一个单元格中。

（3）Alt+Home：移到当前行的第一个单元格中。

（4）Alt+End：移到当前行的最后一个单元格中。

（5）↑：上移键。

（6）↓：下移键。

（7）Alt+Page Up：将光标移到插入符所在列的最上方的单元格中。

（8）Alt+Page Down：将光标移到插入符所在列的最下方的单元格中。

输入完成后，可以对文本进行移动和复制等操作，在单元格中移动或复制文本的方法与在文档中移动或复制文本的方法基本相同，可以使用鼠标拖动、命令按钮或快捷键等方法来移动复制单元格、行或列中的内容。

在选择文本时，如果选择的内容不包括单元格的结束标记，内容移动或复制到目标单元时，不会覆盖目标单元格中的原有文本。如果选中的内容包括单元格的结束标记，则内容移动或复制到目标单元格时，会替换目标单元格中原有的文本和格式。

4）表格的编辑和修饰

表格创建完成以后，用户可以对其加以设置，如插入行和列、合并及拆分单元格等。

（1）选定表格。为了对表格进行修改，首先必须先选定要修改的表格。选定表格的方法主要有以下几种。

① 将鼠标指针移到要选定的单元格的选定区，当指针由Ⅰ形状变成➚形状时，按住鼠标左键向上、下、左、右移动鼠标选定相邻多个单元格即单元格区域。

② 选定表格的行：将鼠标指针指向要选定的行的左侧，单击选定一行；向下或向上拖动鼠标选定表中相邻的多行。

③ 选定表格的列：将鼠标指针移到表格最上面的边框线上，指针指向要选定的列，当鼠标指针由Ⅰ形状变成⬇形状时，单击鼠标选定一列；向左或向右拖动鼠标选定表中相邻的多列。

④ 选定不连续的单元格：PowerPoint允许选定多个连续的区域，选择方法是先选中一个单元格，然后按住Ctrl键，单击选择所需的其他单元格。

（2）调整行高和列宽。使用表格时，用户可以通过以下几种方法调整表格或单元格的行高和列宽。

① 使用"设置形状格式"命令。右击要调整行高和列宽的表格，选择"设置形状格式"

命令，出现如图4-24所示的窗格，分别对形状选项进行设置，即可对表格的各方面进行相关修改。

② 使用"单元格大小"组。将光标置于要设置大小的单元格中，切换到"表格工具|布局"选项卡，在"单元格大小"组的"高度"和"宽度"微调框中输入数值，即可更改单元格大小，如图4-25所示。

（3）插入行或列。将光标定位在要插入行和列的位置，切换到"表格工具|布局"选项卡，在"行和列"组上单击"在右侧插入"按钮，即可在所选单击格的右侧插入一列；单击"在上方插入"按钮，即可在所选单击格的上方插入一行，如图4-26所示。

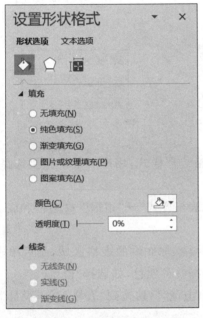

图4-24　设置形状格式

图4-25　"单元格大小"组

图4-26　"行和列"组

（4）删除行、列或表格。
① 将光标置于要删除行、列所在的单元格中。
② 切换到"表格工具|布局"选项卡，在"行和列"组中单击"删除"按钮，在弹出的下拉列表中选择所需的选项。
- 选择"删除列"选项，删除当前单元格所在的整列。
- 选择"删除行"选项，删除当前单元格所在的整行。
- 选择"删除表格"选项，删除当前的整个表格。

（5）合并和拆分单元格。
① 合并单元格。选择要合并的单元格区域，切换到"表格工具|布局"选项卡，单击"合并"组中的"合并单元格"按钮，即可将单元格区域合并为一个单元格，如图4-27所示。
② 拆分单元格。将光标定位在要拆分的单元格处，右击，执行"拆分单元格"命令，在打开的"拆分单元格"对话框中输入行数、列数数值，如图4-28所示，单击"确定"按钮即可拆分元格。

(6) 表格格式的设置。表格创建完成以后,用户可以在表格中输入数据,并对表格中的数据格式及对齐方式等进行设置。同样,也可对表格套用样式,设置边框和底纹,以增强视觉效果,使表格更加美观。

① 设置字体格式。将鼠标指针移动至表格上方时,表格左上角会出现 按钮,单击该按钮,选中整个表格。然后在"开始"选项卡的"字体"组中设置其字体、字号、字体颜色、加粗、下画线等属性。

② 设置表格对齐方式。将鼠标指针移动至表格上方时,表格左上角会出现 按钮,单击该按钮,选中整个表格。切换到"表格工具|布局"选项卡,单击"对齐方式"组中的相应按钮来设置文字对齐方式,如图 4-29 所示。

图 4-27 "合并"组

图 4-28 拆分单元格

图 4-29 "对齐方式"组

(7) 添加边框。PowerPoint 提供了很多种表格边框样式,用户可根据需要选择适合自己的边框。

选中整个表格,然后选择"表格工具|设计"→"表格样式"→"边框"→"边框和底纹"命令,在弹出的"边框和底纹"对话框中进行设置。

(8) 添加底纹。要为表格添加底纹,首先选择要添加底纹的表格区域,然后单击"表格工具|设计"→"表格样式"→"底纹"下拉按钮,选择一种颜色,如选择"橙色"。

(9) 套用表格样式。在表格的任意单元格内单击,然后切换到"表格工具|设计"选项卡,在"表格样式"组选择一种表格样式效果。

6. 幻灯片母版设置

幻灯片母版用于设置幻灯片的样式,可供用户设定各种标题文字、背景、属性等,只需更改一项内容就可更改所有幻灯片的设计。也就是说,母版就是一个格式模板,可以修改字体格式、界面,不用每张幻灯片都去修改,只需要修改这一个母版,所有的幻灯片就都会跟着改变。

在 PowerPoint 2016 中有 3 种母版:幻灯片母版、讲义母版、备注母版。幻灯片母版包含标题样式和文本样式。本书仅介绍幻灯片母版的设置。

【操作要求】 打开"PowerPoint 素材\PowerPoint 项目"文件夹中的 Web.pptx 文件,利用母版设置 Web.pptx 的第 3~5 张幻灯片的标题样式为加粗、倾斜、标准-红色,并在幻灯片的右上角插入笑脸形状,单击该形状,超链接指向第 1 张幻灯片。

幻灯片母版设置的操作步骤如下。

(1) 单击"视图"→"母版视图"→"幻灯片母版"按钮,进入幻灯片母版编辑区,如图 4-30 所示。

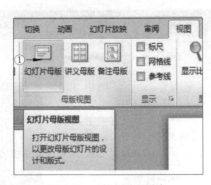

图 4-30 "视图"选项卡

（2）在幻灯片母版编辑区选中"单击此处编辑母版文本样式"文字，设置文字效果为加粗、倾斜、标准-红色，如图 4-31 所示。

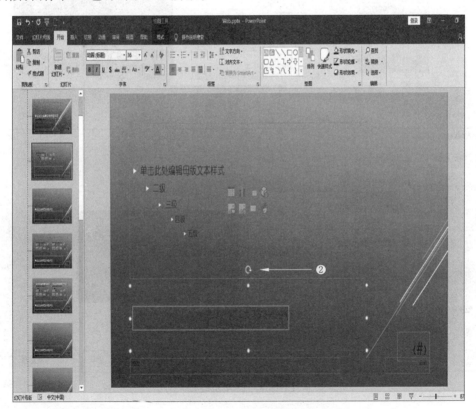

图 4-31 母版设置

（3）在"插入"选项卡中单击"形状"工具，弹出形状选项，选择基本形状里面的笑脸形状，如图 4-32 所示。

（4）选中笑脸形状并右击，在弹出的快捷菜单中选择"超链接"命令，打开如图 4-33 所示的对话框，在"链接到"中选择"本文档中的位置"，在"请选择文档中的位置"中选择"第一张幻灯片"，单击"确定"按钮。最后单击"幻灯片母版"中的"关闭母版视图"按钮。

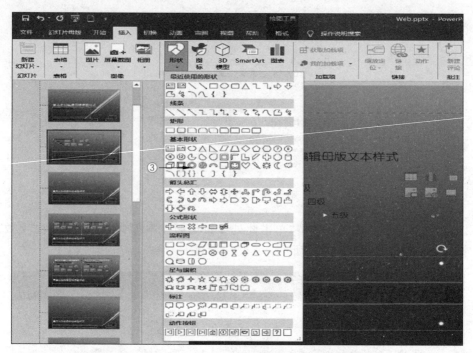

图 4-32　插入形状

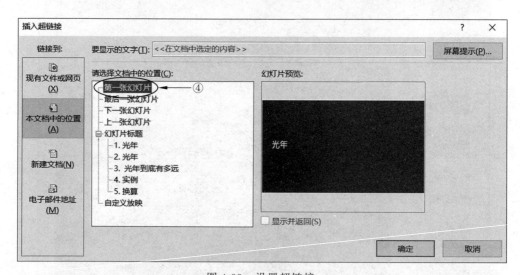

图 4-33　设置超链接

任务 4　插入幻灯片元素

1. 插入图片、文本框和艺术字

【操作要求】　打开"PowerPoint 素材\PowerPoint 项目"文件夹中的 Web.pptx 文件,在第 2 张幻灯片右侧内容区插入图片 PPT1.png,并设置图片的"进入"动画效果为"旋转"。

1) 插入并编辑图片

插入图片的操作步骤如下。

（1）选中第 2 张幻灯片，选择"插入"→"图像"→"图片"→"此设备"命令，如图 4-34 所示。

图 4-34 "图片"选项卡

（2）在"插入图片"对话框中找到素材文件夹中的"PPT1.png"文件，单击"打开"按钮，如图 4-35 所示。

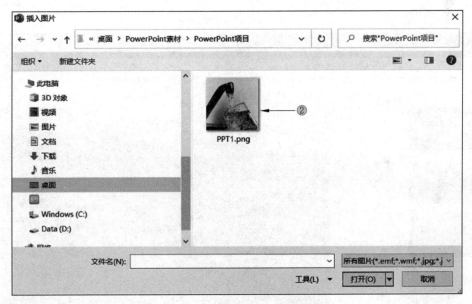

图 4-35 "插入图片"对话框

（3）选中图片，选择"动画"选项卡中的"进入"选项中的旋转动画，如图 4-36 所示。

注意：在插入图片后，选中图片，会出现"图片工具|格式"选项卡，可以在其中设置图片的大小、位置、边框等。

2) 插入文本框

【操作要求】 打开"PowerPoint 素材\PowerPoint 项目"文件夹中的 Web.pptx 文件，在第 5 张幻灯片的右下角插入一个文本框，内容为"返回"。

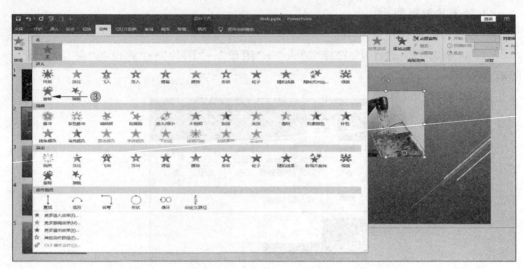

图 4-36　插入动画

插入文本框的操作步骤如下。

(1) 选中第 5 张幻灯片,选择"插入"→"文本"→"文本框"→"绘制横排文本框"命令,如图 4-37 所示。

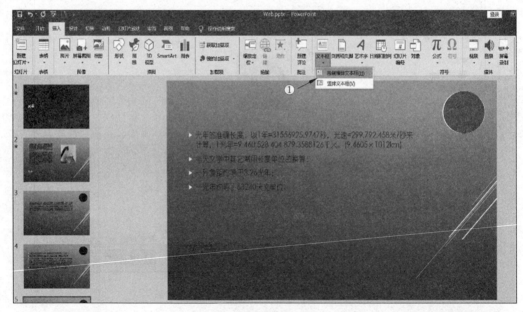

图 4-37　"文本"组

(2) 将鼠标指针移到幻灯片右下角,单击,拖放文本框至合适的大小,在文本框中输入文字"返回",如图 4-38 所示,保存演示文稿。

3) 插入艺术字

艺术字是 Office 2016 所有软件里面都包含的组件,且操作方法基本一致。

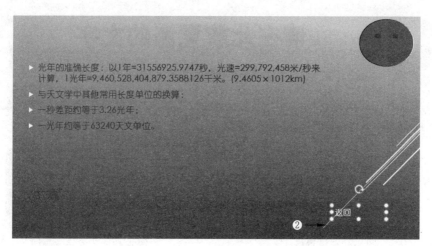

图 4-38　文本框效果图

【操作要求】　打开"PowerPoint 素材\PowerPoint 项目"文件夹中的 Web.pptx 文件，在第 4 张幻灯片标题区域插入一行艺术字，内容为"实例"，采用艺术字库中第 3 行第 4 列的样式，字体为幼圆体，字号为 60 磅。

插入艺术字的操作步骤如下。

（1）选中第 4 张幻灯片，选择"插入"→"文本"→"艺术字"命令，如图 4-39 所示。

图 4-39　"艺术字"命令

（2）在弹出的"艺术字"下拉列表中选择第 3 行第 4 列的艺术字样式，如图 4-40 所示，在幻灯片中出现"请在此放置您的文字"，如图 4-41 所示。

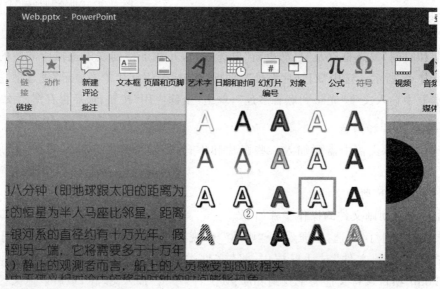

图 4-40　"艺术字"下拉列表

② 请在此放置您的文字

图 4-41 "艺术字"文字

（3）将"请在此放置您的文字"的文字删除，并输入"实例"，并设置字体为幼圆体，字号为 60 磅，如图 4-42 和图 4-43 所示，保存演示文稿。

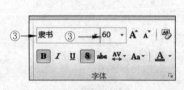

图 4-42 设置格式

图 4-43 艺术字效果图

2. 插入幻灯片编号和日期

演讲使用的演示文稿通常需要加入一些日期时间、幻灯片编号等信息。在 PowerPoint 2016 中，幻灯片编号等信息是通过插入"页眉和页脚"来实现的。

【操作要求】 打开"PowerPoint 素材\PowerPoint 项目"文件夹中的 Web.pptx 文件，给幻灯片插入页码和自动更新的日期，格式为"××××年××月××日星期×"，页脚内容为"光年到底有多远"，在标题幻灯片中不显示。

插入页眉和页脚的操作步骤如下。

（1）选择"插入"→"文本"→"页眉和页脚"命令，如图 4-44 所示。

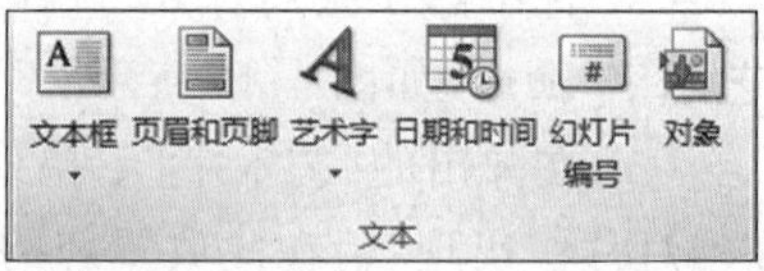

图 4-44 "页眉和页脚"命令

（2）在打开的对话框中的"幻灯片"选项卡中，选中"日期和时间"复选框以及"自动更新"单选按钮，并在下拉列表中选择所需要的日期格式，如图 4-45 所示。选中"幻灯片编号""页脚"和"标题幻灯片中不显示"复选框，并在"页脚"文本框中输入文字"光年到底有多远"，单击"全部应用"按钮，最后保存演示文稿。

3. 插入影片和声音

有时在演示文稿中需要加入一些影片和声音，下面介绍如何插入 GIF 动画和声音文件。

1) 插入 GIF 动画文件

插入 GIF 动画文件的操作步骤如下。

选中某张幻灯片，选择"插入"→"媒体"→"视频"→"PC 上的视频"命令，如图 4-46 所示。在"插入视频文件"对话框框中，将"文件类型"设为"所有文件（*.*）"，并且在 PowerPoint 项目素材文件夹中找到 gif1.gif 文件，单击"插入"按钮，最后以原文件名保存演示文稿。

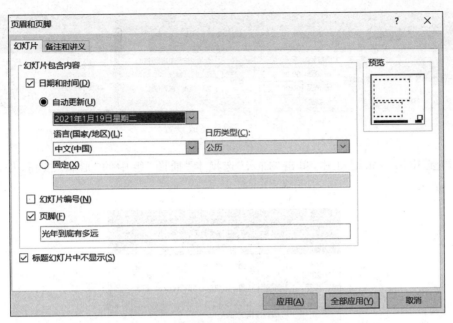

图 4-45 "页眉和页脚"对话框

2) 插入音频文件

插入音频文件的操作步骤如下。

(1) 选中某张幻灯片,选择"插入"→"媒体"→"音频"→"PC 上的音频"命令,如图 4-47 所示。

图 4-46 "视频"下拉列表

图 4-47 插入声音

(2) 在"插入声音"对话框中,从素材文件夹中找到 music1.mp3 文件,单击"插入"按钮,选中音频,在"音频工具|播放"选项卡的"音频选项"组中,选中"循环播放,直到停止"复选框,如图 4-48 所示,保存演示文稿。

4. 插入动作按钮

除可以给文字设置超链接外,在幻灯片中还可以插入动作按钮来实现简单的超链接。

【操作要求】 打开"PowerPoint 素材\PowerPoint 项目"文件夹中的 Web.pptx 文件,在第 5 张幻灯片"谢谢观看"介绍的右下角插入按钮"转到主页",并设置鼠标指针移过该按钮时,超链接到第 1 张幻灯片。

插入动作按钮并设置动作的操作步骤如下。

计算机应用基础上机实训教程(Windows 10＋Office 2016)

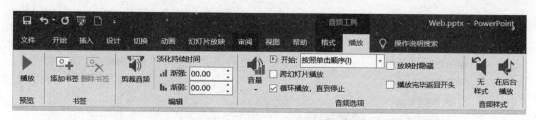

图 4-48　循环播放设置

（1）选中第 5 张幻灯片，单击"插入"选项卡"插图"组中的"形状"按钮，如图 4-49 所示。

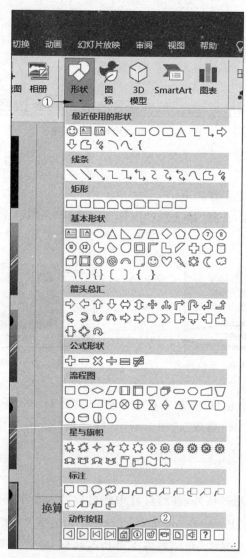

图 4-49　插入动作按钮

(2)选择"形状"下拉列表中的"动作按钮"。选择"转到主页"动作按钮⌂,此时光标呈现"十"字状,将按钮拖动调整至合适大小。

(3)在弹出的"操作设置"对话框中,选择"单击鼠标"选项卡,选中"超链接到"单选按钮,并在下拉列表框中选择"第一张幻灯片",如图 4-50 所示。单击"确定"按钮,并保存演示文稿。

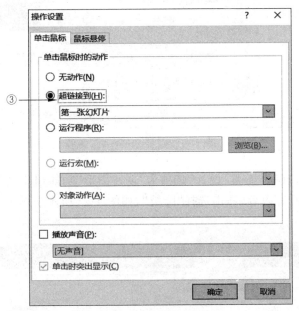

图 4-50 "操作设置"对话框

5. 插入 SmartArt 图形

SmartArt 是 PowerPoint 2016 中新加入的特性,SmartArt 图形是信息和观点的视觉表示形式。可以通过从多种不同布局中进行选择来创建 SmartArt 图形,从而快速、轻松、有效地传达信息。PowerPoint 2016 中 SmartArt 图形共分为列表、流程、循环、层次结构、关系、矩阵、棱锥图、图片 8 类。

【操作要求】 打开"PowerPoint 素材\PowerPoint 项目"文件夹中的 Web.pptx,在幻灯片最后插入一张版式为"空白"的幻灯片,插入一个 SmartArt 图形,版式为"线型列表",SmartArt 样式为"优雅",SmartArt 图形中的所有文字从文本文件 pt1.txt 中获取。SmartArt 图开动画设置为"进入/飞入"。

(1)单击最后一张幻灯片下方空白处,在"开始"选项卡的"幻灯片"组中,单击"新建幻灯片"下拉按钮,在弹出的下拉列表中选择"空白"。

(2)将 pt1.txt 中所有文字内容复制到第 4 张幻灯片中,将光标放在插入的文本框内任意位置并右击,单击"转换为 SmartArt",在弹出的下拉列表中选择"其他 SmartArt 图形",在弹出的"选择 SmartArt 图形"对话框中选择"列表"下的"线型列表",单击"确定"按钮,如图 4-51 所示。

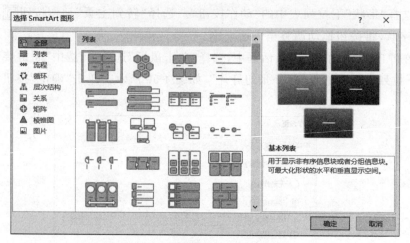

图 4-51　选择 SmartArt 图形

（3）单击"SmartArt 工具|设计"选项卡"创建图形"功能组中的"文本窗格"，选中"光年换算单位……"所有内容，右击选择"降级"，如图 4-52 所示。单击右上方"关闭"按钮关闭文本窗格。

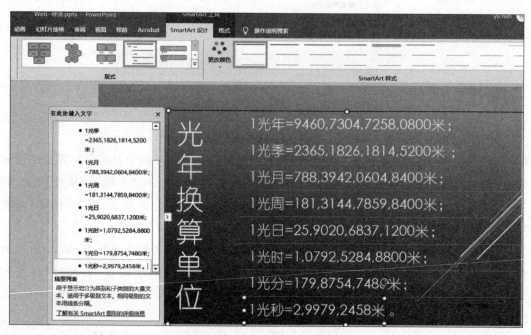

图 4-52　选择 SmartArt 降级

（4）选中 SmartArt 图，形在"SmartArt 样式"组中单击"其他"，在弹出的下拉列表中选择"三维/优雅"，如图 4-53 所示。

（5）选中 SmartArt 图形，在"动画"选项卡中，单击"动画"组中的"其他"按钮，在弹出的下拉列表中选择"进入-飞入"，如图 4-54 所示。

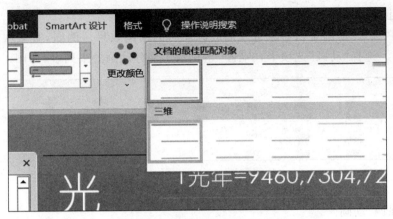

图 4-53 设置 SmartArt 样式

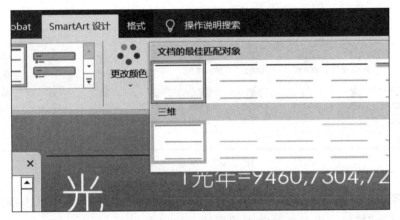

图 4-54 设置 SmartArt 效果

任务 5 自定义动画和幻灯片切换

1. 自定义动画

动画技术可以使幻灯片的内容以丰富多彩的活动方式展示出来,赋予它们进入、退出、大小或颜色变化甚至移动等视觉效果,是必须掌握的 PowerPoint 幻灯片设计的重要技术。

实际上,在制作演示文稿过程中,常对幻灯片中的各种对象适当地设置动画效果和声音效果,并根据需要设计各对象动画出现的顺序。这样,既能突出重点,吸引观众的注意力,又使放映过程十分有趣。不使用动画,会使观众感觉枯燥无味,然而过多使用动画也会分散观众的注意力,不利于传达信息。应尽量化繁为简,以突出表达信息的目的。另外,具有创意的动画也能提高观众的注意力。因此设置动画应遵从适当、简化和创新的原则。

1)设置动画

动画有四类:"进入"动画、"强调"动画、"退出"动画和"动作路径"动画。

（1）"进入"动画

对象的"进入"动画是指对象进入播放画面时的动画效果。例如,对象从左下角飞入播放画面等。选择"动画"选项卡,"动画"组显示了部分动画效果列表,如图 4-55 所示。

图 4-55 "进入"动画

（2）"强调"动画

"强调"动画主要对播放画中的对象进行突出突出显示,起强调的作用。设置方法类似于设置"进入"动画。如图 4-56 所示。

图 4-56 "强调"动画

① 选择需要设置动画效果的对象,在"动画"选项卡的"动画"组中单击动画效果列表右下角的"其他"按钮。出现各种动画效果的下拉列表。

② 在"强调"类中选择一种动画效果,例如"陀螺旋",则所选对象被赋予该动画效果。同样,还可以单击动画样式的下拉列表的下方"更多强调效果"命令,打开"更改强调效果"对话框,选择更多类型的"强调"动画效果。

（3）"退出"动画

对象的"退出"动画是指播放画面中的对象离开播放画画的动画效果。例如,"飞出"动画对象以飞出的方式离开播放画面等,如图 4-57 所示。设置"退出"动画的方法如下。

图 4-57 "退出"动画

① 选择需要设置动画效果的对象,在"动画"选项卡的"动画"组中单击动画样式列表右下角的"其他"按钮,出现各种动画效果的下拉列表。

② 在"退出"类中选择一种动画效果,例如"飞出",则所选对象被赋予该动画效果。

同样，还可以单击动画样式的下拉列表的下方"更多退出效果"命令，打开"更改退出效果"对话框，选择更多类型的"退出"动画样式。

（4）"动作路径"动画

对象的"路径"动画是指播放画面中的对象按指定路径移动的动画效果。例如，"弧形"动使对象沿着指定的弧形路径移动，如图4-58所示。设置"弧形"动画的方法如下：

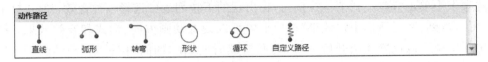

图4-58 "动作路径"动画

① 在幻灯片中选择需要设置动画效果的对象，在"动画"选项卡的"动画"组中单击动画果列表右下角的"其他"按钮，出现各种动画效果的下拉列表。

② 在"动作路径"类中选择一种动画效果，例如"弧形"，则所选对象被赋予该动画效果。可以看到图形对象的弧形路径（虚线）和路径周边的8个控点以及上方绿色控。启动动画，图形将沿着弧形路径从路径起始点（绿色点）移动到路径结束点（红色点）。拖动径的各控点可以改变路径，而拖动路径上方绿色控点可以改变路径的角度。

同样，还可以单击动画效果下拉列表的下方"其他动作路径"命令，打开"更改动作路径"对话框，选择更多类型的"路径"动画效果。

2）设置动画属性

设置动画时，如不设置动画属性，系统将采用默认的动画属性，例如设置"陀螺旋"动画，则其效果选项"方向"默认为"顺时针"，开始动画方式为"单击时"等。若对默认的动画属性不满，也可以进一步对动画效果选项、动画开始方式、动画音效等重新设置。

（1）设置动画效果选项

动画效果选项是指动画的方向和形式。选择设置动画的对象，单击"动画"选项卡"动画"组右侧的"效果选项"按钮，出现各种效果选项白列表。例如"陀螺旋"动画的效果选项为旋转方向、旋转数量等。从中选择满意的效果选项。

（2）设置动画开始方式、持续时间和延迟时间

动画开始方式是指开始播放动画的方式，动画持续时间是指动画开始后整个播放时间，动画延迟时间是指播放操作开始后延迟播放的时间。

选择设置动画的对象，单击"动画"选项卡"计时"组左侧的"开始"下拉按钮，在出现的下拉列表中选择动画开始方式。如图4-59所示。

动画开始方式有三种："单击时""与上一动画同时"和"上一动画之后"。

图4-59 动画计时设置

"单击时"是指单击鼠标时开始播放动画。"与上一动画同时"是指播放前一动画的同时播放该动画，可以在同一时间组合多个效果。"上一动画之后"是指前一动画播放之后开始播放该动画。另外，还可以在"动画"选项卡的"计时"组左侧"持续时间"栏调整动画持续时间，在"延迟"栏调整动画延迟时间。

(3) 设置动画音效

设置动画时,默认动画无音效,需要音效时可以自行设置。以"陀螺旋"动画对象设置音效为例,说明设置音效的方法:

选择设置动画音效的对象(该对象已设置"陀螺旋"动画),单击"动画"选项卡"动画"组右下角的"显示其他效果选项"按钮,弹出陀螺旋动画效果选项对话框。在对话的"效果"选项卡中单击"声音"栏的下拉按钮,在出现的下拉列表中选择一种音效,如:"打字"。

可以看到,在对话框中,"效果"选项卡中可以设置动画方向、形式和音效效果,在"计时"选项卡中可以设置动画开始方式、动画持续时间(在"期间"栏设置)和动画延迟时间等。因此,需设置多种动画属性时,可以直接诡调出该动画效果选项对话框,分别设置各种动画效果。

3) 调整动画播放顺序

对象添加动画效果后,对象旁边出现该动画播放顺序的序号。一般,该序号与设置动画的顺序一致,即按设置动画的顺序播放动画。对多个对象设置动画效果后,如果对原有播放顺序不满,可以调整对象动睡方法如下:

单击"动画"选项卡"高级动画"组的"动画窗格"按钮,调出动画窗格,如图 4-60 所示。

图 4-60 调整动画播放顺序

动画窗格显示所有动画对象,它左侧的数字表示该对象动画播放的顺序号,与幻灯片中的动画对象边显示的序号一致。选择动画对象,并单击底部的"⬆"或"⬇",即可改变该动画对象的播放顺序。

4) 预览动画效果

动画设置完成后,可以预览动画的播放效果。单击"动画"选项卡"预览"组的"预览"按钮。单击动画窗格上方的"播放"按钮,即可预览动画。

【操作要求】 打开"PowerPoint 素材\PowerPoint 项目"文件夹中的 Web.pptx 文件,将第 1 张幻灯片中标题的动画效果设为"从左侧飞入",速度为"快速",并伴有"风铃"声。

设置自定义动画的操作步骤如下。

(1) 选中第 1 张幻灯片,选中要设置动画效果的文字"光年"。在"动画"选项卡中打开"其他"下拉列表。

（2）在弹出的下拉列表中依次选择"进入"列表框中的"飞入"，如图 4-61 所示。

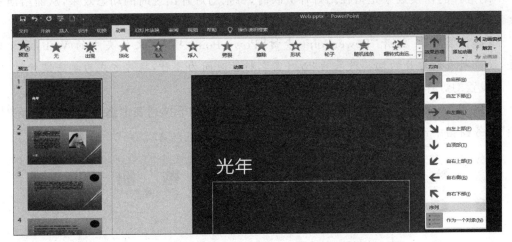

图 4-61　动画设置

注意：如要选择心形路径，可以单击"其他路径"进行选择。

（3）单击"动画"组中"效果选项"右下角的 按钮，如图 4-62 所示，弹出"飞入"对话框，如图 4-63 所示。在"效果"选项卡中找到"增强"组中的"声音"，选择"风铃"。单击"确定"按钮，并保存演示文稿。

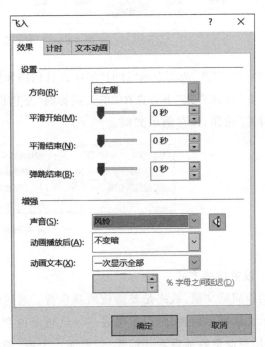

图 4-62　飞入效果选项　　　　　　　　图 4-63　"飞入"对话框

2. 幻灯片切换

幻灯片的切换效果是指在幻灯片放映时,每张幻灯片出现时的动态效果,从而给演示文稿带来动画的效果。

【操作要求】 打开"PowerPoint 素材\PowerPoint 项目"文件夹中的 Web.pptx 文件,设置所有幻灯片的切换效果为"百叶窗",持续时间为 3 秒,换片方式为单击鼠标时。

设置幻灯片切换效果的操作步骤如下。

(1) 在"切换"选项卡"切换到此幻灯片"组的"其他"下拉列表中选择其他效果,在"切换"任务窗格中选择"百叶窗",如图 4-64 所示。

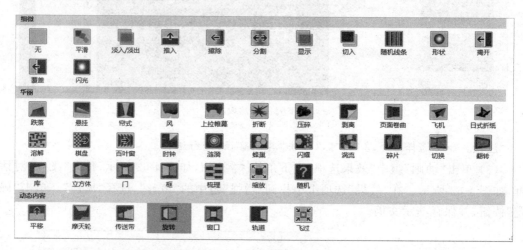

图 4-64 "切换"选项卡

(2) 在"切换"选项卡的"计时"组中设置切换效果,在"持续时间"中输入 3 秒,如图 4-65 所示。在"换片方式"下方选中"单击鼠标时"复选框,最后在任务窗格下方单击"应用于所有幻灯片"按钮,保存演示文稿。

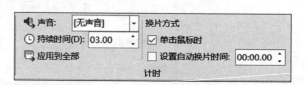

图 4-65 切换效果设置

3. 设置放映方式

制作演示文稿,最终是要播放给观众看。通过幻灯片放映方式设计,可以将精心创建的演示文稿展示给观众,以正确表达自己想要说明的问题。为了使所做的演示文稿更精彩,以使观众更好地观看并接受、理解演示文稿,那么在放映前,还必须对演示文稿的放映方式进行一定的设置。

PowerPoint 中幻灯片在放映的时候可以选择 3 种放映类型,不同的播放类型分别适合不同的播放场合。在默认情况下,PowerPoint 2010 会按照预设的"演讲者放映"方式来放映幻灯片。

(1) 演讲者放映。演讲者放映方式是最常用的放映方式,在放映过程中以全屏显示幻灯片。演讲者能手动控制幻灯片的放映,暂停演示文稿,添加会议细节,还可以录制旁白。

(2) 观众自行浏览。可以在标准窗口中放映幻灯片。在放映幻灯片时,可以拖动右侧的滚动条,或滚动鼠标上的滚轮来实现幻灯片的放映。

(3) 在展台浏览。在展台浏览是 3 种放映类型中最简单的方式,这种方式将自动全屏放映幻灯片,并且循环放映演示文稿,在放映过程中,除了通过超链接或动作按钮来进行切换以外,其他的功能都不能使用,如果要停止放映,只能按键盘上的 Esc 键来终止。

【操作要求】 打开"PowerPoint 素材\PowerPoint 项目"文件夹中的 Web.pptx 文件,设置幻灯片的放映方式为循环放映,按 Esc 键终止。

设置放映方式的操作步骤如下。

(1) 单击"幻灯片放映"选项卡"设置"组中的"设置幻灯片放映"按钮,如图 4-66 所示,弹出"设置放映方式"对话框。

图 4-66 设置放映方式 1

(2) 在列表框中选中"观众自行浏览"单选按钮,然后选中"循环放映,按 Esc 键终止"复选框,如图 4-67 所示,单击"确定"按钮,并保存即可。

4. 幻灯片放映

1) PowerPoint 中放映幻灯片方法

在 PowerPoint 中放映幻灯片有以下 3 种方法。

(1) 打开演示文稿文件,单击演示文稿窗口任务栏上的"幻灯片放映"按钮 ☐。

(2) 打开演示文稿文件,选择 "幻灯片放映"选项卡中的 "开始放映幻灯片"功能区中的相应命令("从头开始"、"从当前幻灯片开始"等),如图 4-68 所示。

(3) 按 F5 键从幻灯片第一页开始放映,或者按下 Shift+F5 键从当前幻灯片开始放映。

注:如果幻灯片的换片方式是手动的,则放映过程中可通过鼠标单击观看下一页和右击幻灯片后从弹出的快捷菜单中选择"上一页"和"下一页"来向上或向下观看幻灯片,或按 PageUp、PageDown 键向上或向下观看幻灯片。

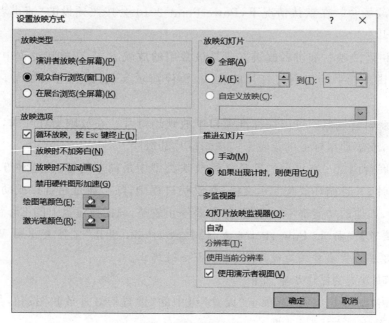

图 4-67 设置放映方式 2

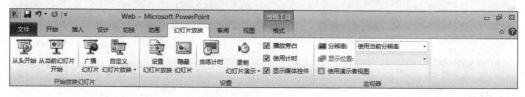

图 4-68 开始放映幻灯片

2）自动播放演示文稿(.pps)

如果演讲者是一位新手,本来就很紧张,再让他进行启动 PowerPoint、打开演示文稿、进行放映等一连串的操作,可以保存一个自动播放的 pps 演示文稿,进行自动播放。

（1）启动 PowerPoint,打开相应的演示文稿。

（2）执行"文件"选项卡中的"另存为"命令,打开"另存为"对话框。

（3）将"保存类型"设置为"PowerPoint 放映(＊.pps)",然后单击"保存"按钮。以后,放映者只要直接双击上述保存的文件,即可快速进入放映状态。

5．隐藏幻灯片

【操作要求】 打开"PowerPoint 素材\PowerPoint 项目"文件夹中的 Web.pptx 文件,隐藏第 5 张幻灯片。

选中最后一张幻灯片,右击,选择"隐藏幻灯片"命令,如图 4-69 所示。

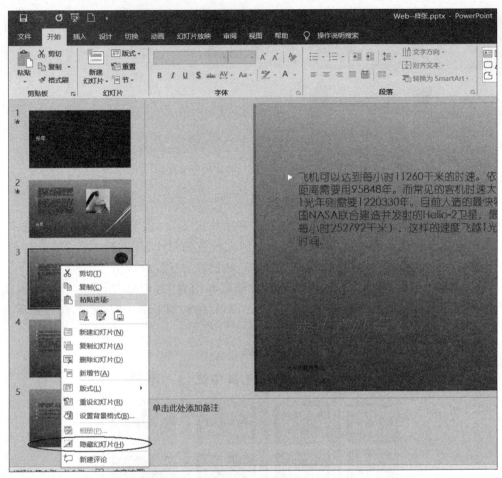

图 4-69 隐藏幻灯片

4.4 PowerPoint 综合实训

1. PowerPoint 综合实训 1

调入"PowerPoint 素材\ PowerPoint 综合实训"中的 yswg1.pptx 文件,参考图 4-70 进行设计,具体要求如下。

(1) 设置幻灯片的大小为"全屏显示(16∶9)"。为整个演示文稿应用"平面"主题,背景样式为"样式 6"。

(2) 在第一张幻灯片前面插入一张新幻灯片,版式为"空白"。设置这第 1 张幻灯片的背景为"顶部聚光灯-个性色 3"的预设渐变。插入样式为"填充-白色,轮廓-着色 1,阴影"的艺术字,文字为"湖南湘莲",文字大小为 66 磅,并设置为"水平居中"和"垂直居中"。

(3) 将第 2 张幻灯片的版式改为"标题和内容",将考生文件夹下的图片文件 ppt1.jpg 插入到下侧栏中,图片样式为"圆形对角,白色",图片效果为"发光/橙色,11PT 发光,个

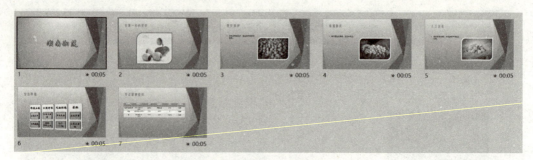

图 4-70　PowerPoint 综合实训 1 样张

性色 4",图片动画设置为"进入淡出"。

(4) 将第 5 张幻灯片左侧文本框中的文字字体设置为"仿宋",动画设置为"进入/飞入"。将考生文件夹下的图片文件 ppt2.jpg 插入到右侧栏中,图片样式为"圆形对角,白色",图片效果为"阴影外部/居中偏移",图片动画设置为"进入/淡出"。

(5) 在幻灯片的最后,插入一张版式为"标题和内容"的幻灯片,在标题处输入文字"生态种植"。在下侧栏中插入一个 SmartArt 图形,结构如下图 4-71 所示,图中的所有文字从"素材 1.DOCX"中获取。

图 4-71　SmartArt 图形

(6) 在幻灯片的最后插入一张版式为"标题和内容"的幻灯片,在标题处输入文字"专注健康食材"。在下侧栏中插入一个四行六列的表格,表格内的所有文字从"素材.DOCX"中获取,表格样式为"中度样式 1-强调 3"。

(7) 设置全体幻灯片切换方式为"随机线条",并且每张幻灯片的切换时间是 5 秒;放映方式设置为"观众自行浏览(窗)"。

(8) 将制作好的演示文稿以文件名 yswg1.pptx,存放于"PowerPoint 素材\PowerPoint 综合实训"中。

2. PowerPoint 综合实训 2

调入"PowerPoint 素材\ PowerPoint 综合实训"中的 yswg2.pptx 文件,参考图 4-72 进行设计,具体要求如下。

(1) 设置幻灯片的大小为"全屏显示(16∶9)"。为整个演示文稿应用"丝状"主题,背

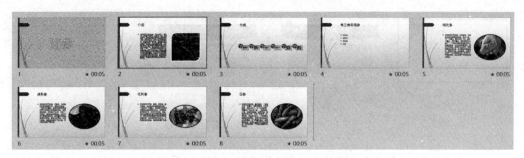

图 4-72　PowerPoint 综合实训 2 样张

景样式为"样式 6"。

（2）在第 1 张幻灯片前面插入一张新幻灯片，版式为"空白"。设置第 1 张幻灯片的背景为"水滴"的纹理填充。插入样式为"填充-白色，轮廓-着色 2，清晰阴影-着色 2"的艺术字，文字为"海参"，文字大小为 96 磅，并设置为"水平居中"和"垂直居中"。

（3）将第 2 张幻灯片的版式改为"两栏内容"，将图片文件 ppt3.jpg 插入到右侧栏中，图片样式为"圆形对角，白色"，图片动画设置为"进入/浮入"，左侧文本框内的文字动画设置为进入/飞入"。

（4）在第 3 张幻灯片的下侧栏中插入一个 SmartArt 图形，结构如图 4-73 所示，图中的所有文字从"素材 2.TXT"中获取。

图 4-73　SmartArt 图形

（5）在第 4 张幻灯片前面中插入一张新幻灯片，版式为"标题和内容"，在标题处输入文字"常见食用海参"，在文本框中按顺序输入第 5 到第 8 张幻灯片的标题，并且添加相应幻灯片的超链接。

（6）将第 8 张幻灯片的版式改为"两栏内容"，将图片文件 ppt4.jpg 插入到右侧栏中，图片样式为"棱台形椭圆，黑色"，图片动画设置为"进入/浮入"，左侧文本框内的文字动画设置为"进入/飞入"。

（7）设置全体幻灯片切换方式为"百叶窗"，并且每张幻灯片的切换时间是 5 秒；放映方式设置为"观众自行浏览（窗口）"。

（8）将制作好的演示文稿以文件名 yswg2.pptx，存放于"PowerPoint 素材\PowerPoint 综合实训"中。

3. PowerPoint 综合实训 3

调入"PowerPoint 素材\ PowerPoint 综合实训"中的 yswg3.pptx 文件，参考图 4-74 进行设计，具体要求如下。

图 4-74　PowerPoint 综合实训 3 样张

(1) 为整个演示文稿应用"离子会议室"主题,设置幻灯片的大小为"全屏显示(16：9)",放映方式为"观众自行浏览"。

(2) 在第 1 张幻灯片前插入版式为"空白"的新幻灯片,插入样式为"填充-白色,轮廓-着色 2,清晰阴影-着色 2"的艺术字"HDT-101B 型 GPS 信号屏蔽器",艺术字字体大小为 66 磅。艺术字文本效果为"映像变体/全映像,4pt 偏移量"。艺术字的动画设置为"强调/脉冲"。

(3) 将第 2 张幻灯片的版式改为"两栏内容",标题为"产品介绍",右侧内容区插入图片 ppt1.png,图片动画设置为"强调/透明",左侧内容区二段文本设置项目符号◆。

(4) 在第 2 张幻灯片后插入版式为"标题和内容"的新幻灯片,标题为"产品信息",内容区插入 7 行 2 列的表格,表格中单元格的内容从文本文件 pt2.txt 中获取,表格所有单元格内容均按居中对齐和垂直居中对齐。

(5) 在幻灯片最后插入一张版式为"空白"的幻灯片,插入一个 SmartArt 图形,版式为"线型列表",SmartArt 样式为"优雅",SmartArt 图形中的所有文字从文本文件 pt3.txt 中获取。SmartArt 图开动画设置为"进入/飞入"。

(6) 全体幻灯片切换方式为"百叶窗",效果选项为"水平"。

(7) 将制作好的演示文稿以文件名 yswg3.pptx 存放于"PowerPoint 素材\PowerPoint 综合实训"中。

4. PowerPoint 综合实训 4

调入"PowerPoint 素材\ PowerPoint 综合实训"中的 yswg4.pptx 文件,参考图 4-75 进行设计,具体要求如下。

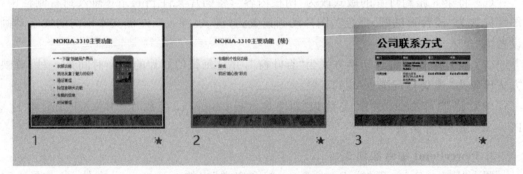

图 4-75　PowerPoint 综合实训 4 样张

(1) 使用"画廊"主题修饰全文,全部幻灯片切换方案为"擦除",效果选项为"自左侧"。

(2) 将第 2 张幻灯片版式改为"两栏内容",将第 3 张幻灯片的图片移到第 2 张幻灯片右侧内容区,图片动画效果设置为"轮子",效果选项为"3 轮辐图案"。

(3) 将第 3 张幻灯片版式改为"标题和内容",标题为"公司联系方式",标题设置为"黑体""加粗"、59 磅。内容部分插入 3 行 4 列表格,表格的第 1 行第 1~4 列单元格依次输入"部门""地址""电话"和"传真",第 1 列的第 2、3 行单元格内容分别是"总部""和中国分部"。其他单元格按第一张幻灯片的相应内容填写。

(4) 删除第 1 张幻灯片,并将第 2 张幻灯片移为第 3 张幻灯片。

(5) 将制作好的演示文稿以文件名 yswg4.pptx 存放于"PowerPoint 素材\PowerPoint 综合实训"中。

项目 5

因特网基础与简单应用

因特网已经成为人们获取信息的主要渠道,人们已经习惯每天到一些感兴趣的网站上看看新闻、收发电子邮件、下载资料、与同事朋友在网上交流等。本项目介绍常见的一些因特网应用和使用技巧。

5.1 项目提出

(1) 某模拟网站的主页地址是 HTTP:/LOCALHOST:65531ExamWeblnew2017/index.html,打开此主页,浏览"绍兴名人"页面,查找介绍"周恩来"的页面内容,将页面中周恩来的照片保存到考生文件夹下,命名为 ZHOUENLAI.jpg,并将此页面内容以文本文件的格式保存到考生文件夹下,命名为 ZHOUENLAI.txt。

(2) 电子邮件操作。

(1) 接收并阅读由 wj@mail.cumtb.edu.cn 发来的 E-mail,将随信发来的附件以文件名 wjtut 保存到考生文件夹下。

(2) 回复该邮件,回复内容如下。

王军:您好!资料已收到,谢谢。李明

(3) 将发件人添加到通讯簿中,并在其中的"电子邮箱"栏填写 wj@mai.cumtb.edu.cn,"姓名"栏填写"*王军*"。

5.2 知识目标

(1) 掌握网页浏览,Web 页面的保存和阅读的方法。
(2) 掌握网页更改主页、"历史记录"的使用、收藏夹的使用方法。
(3) 掌握信息的搜索方法。
(4) 掌握电子邮件的使用方法。

5.3 项目实施

任务 1 网上漫游

在网上浏览信息是因特网广受欢迎的应用之一,用户可以随心所欲地在信息的海洋中冲浪以获取各种有用的信息。在开始使用浏览器上网浏览之前,先介绍几个相关的概念。

1. 相关概念

1) 万维网

万维网(world wide web,WWW)有不少名字,如 3W、WWW、Web、全球信息网等。WWW 是一种建立在因特网上的全球性的、交互的、动态的、多平台的、分布式的超文本超媒体信息查询系统,也是建立在因特网上的一种网络服务,其最主要的概念是超文本,遵循超文本传送协议(HTTP)。

WWW 网站中包含很多网页(又称 Web 页)。网页是用超文本置标语言(hyper text markup language,HTML)编写的,并在 HTTP 协议支持下运行。一个网站的第一个 Web 页称为主页或首页,它主要体现这个网站的特点和服务项目。每一个网页都有一个唯一的地址来表示。

2) 超文本和超链接

超文本(hypertext)中不仅包含文本信息,还可以包含图形、声音、图像和视频等多媒体信息,因此称之为"超"文本。更重要的是,超文本中还可以包含着指向其他网页的链接,这种链接叫作超链接(hyperlink)。在一个超文本文件里可以包含多个超链接,它们把分布在本地或远程服务器中的各种形式的超文本文件链接在一起,形成一个纵横交错的链接网。用户可以打破传统阅读文本时顺序阅读的老规矩,而从一个网页跳转到另一个网页进行阅读。当鼠标指针移动到含有超链接的文字或图片时,指针会变成手状,文字也会改变颜色或加上下画线,表示此处有一个超链接,可以单击它跳转到另一个相关的网页。这对浏览来说非常方便,可以说超文本是实现浏览的基础。

3) 统一资源定位符

WWW 用统一资源定位符(URL)来描述网页的地址和访问它时所用的协议。因特网上几乎所有功能都可以通过在 WWW 浏览器里输入 URL 实现。

URL 的格式如下。

协议://IP 地址或域名/路径/文件名

其中,协议就是服务方式或获取数据的方法,常见的有 HTTP 协议、FTP 协议等;协议后的冒号加双斜杠表示接下来是存放资源的主角的 IP 地址或域名;路径和文件名用于表示 Web 页在主机中的具体位置(如文件夹、文件名等)。

4) 浏览器

浏览器是用于浏览 WWW 的工具,安装在用户端的机器上,是一种客户端软件,它能够把用超文本置标语言描述的信息转换成便于理解的形式。此外,它还是用户与 WWW 之间的桥梁,把用户对信息的请求转换成网络上计算机能够识别的命令。浏览器有很多种,目前最常用的 Web 浏览器有 Microsoft 公司的 Internet Explorer(简称 IE)和 Google 公司的 Chrome。除此之外,还有很多浏览器,如 Opera、Firefox、Safari 等。

5) 文件传送协议

文件传送协议(file transfer protocol,FTP)用于在 Internet 上控制文件的双向传送,同时它也是一个应用程序(application)。基于不同的操作系统有不同的 FTP 应用程序,而所有这些应用程序都遵守同一种协议以传送文件。在 FTP 的使用中,用户经常遇到两个概念:下载(download)和上传(upload)。下载文件就是从远程主机复制文件至自己的计算机上;上传文件就是将文件从自己的计算机中复制至远程主机上。用 Internet 语言来说,用户可通过客户机程序向(从)远程主机上传(下载)文件。

与大多数 Internet 服务一样,FTP 也是一个客户/服务器系统。用户通过一个支持 FTP 的客户机程序,连接到在远程主机上的 FTP 服务器程序。用户通过客户机程序向服务器程序发出命令,服务器程序执行用户所发出的命令,并将执行的结果返回到客户机。比如说,用户发出一条命令,要求服务器向用户传送某一个文件的一份副本,服务器会响应这条命令,将指定文件送至用户的机器上。客户机程序代表用户接收这个文件,并将其存放在用户目录中。

2. 浏览网页

浏览 WWW 必须使用浏览器,下面以 Windows 10 系统上的 Internet Explorer(简称 IE)为例,介绍浏览器的常用功能及操作方法。

1) IE 的启动和关闭

有如下两种方法启动 IE。

(1) 单击 Windows 系统左下角任务栏上的"开始"按钮 ,在"所有程序"菜单中找到 Internet Explorer,单击即可打开 IE 浏览器。

(2) 可以在桌面及任务栏上设置 IE 的快捷方式,以后操作时,可直接单击快捷方式图标打开 IE 浏览器。

有如下 4 种方法关闭 IE。

(1) 单击 IE 窗口右上角的"关闭"按钮 。

(2) 单击 IE 窗口左上角,在弹出菜单中单击"关闭"。

(3) 在任务栏的 IE 图标右键菜单中选择"关闭窗口"命令。

(4) 按 Alt+F4 键。

注意:IE 是一个选项卡式的浏览器,可以在同一个窗口中打开多个网页。因此在关闭时会提示选择"关闭所有选项卡"或"关闭当前的选项卡"。

2) IE 的窗口

当启动 IE 后,首先会发现该浏览器经过简化的设计,界面十分简洁。窗口内会打开一个选项卡,即默认主页。例如,图 5-1 是百度的页面,可以看出 IE 界面上没有以往类似 Windows 应用程序窗口上的功能按钮,以便用户有更多的空间来浏览网站。

项目 5　因特网基础与简单应用

图 5-1　IE 的窗口

IE 窗口上方列出了以下最常用的功能。

（1）前进、后退按钮：该按钮在浏览时前进与后退，能使人们方便地返回以前访问过的页面。

（2）地址栏：IE 将地址栏与搜索栏合二为一，也就是说，不仅可以输入要访问的网站地址，也可以直接在地址栏中输入关键词实现搜索，并且单击按钮打开下拉菜单时能看到收藏夹、历史记录，非常省时省力。

（3）：该按钮提供对页面的刷新或停止功能。

（4）选项卡：其中显示了页面的名字，图 5-1 中的标题是"百度一下，你就知道"。选项卡自动出现在地址栏右侧，不过也可以把它们移动到地址栏下面。单击标题右边的"关闭"按钮可以关闭当前的页面。既然是选项卡式的浏览器，就可以打开多个选项卡，将光标移动到选项卡右边的区域　上时会变成　，单击它就可以新建一个选项卡，与之前的选项卡并列在一行上，也可以通过 Ctrl＋T 键来新建。

IE 窗口最右侧有 3 个功能按钮，分别介绍如下。

（1）主页：每次打开 IE 会打开一个选项卡，选项卡中默认显示主页。主页的地址可以在 Internet 选项中设置，并且可以设置多个主页，这样打开 IE 就会打开多个选项卡显示多主页内容。

（2）收藏夹：IE 将收藏夹、源和历史记录集成在一起，单击收藏夹就可以展开小窗口。

（3）工具：单击该按钮，可以看到"打印""文件""Internet 选项"等命令。

IE 窗口右上角是 Windows 窗口常用的 3 个窗口控制按钮,依次为"最小化""最大化/还原""关闭"。注意,如果有多个选项卡存在时,单击 IE 窗口右上角的 × 按钮,IE 会提示"关闭所有选项卡还是关闭当前的选项卡?",如图 5-2 所示。如果选中"总是关闭所有选项卡"复选框,则以后都会默认关闭所有选项卡。

3)页面浏览

浏览页面没有严格的顺序要求,只要注意一般的约定和习惯就可以顺利浏览了。浏览通常会用到如下操作。

(1)输入 Web 地址。将插入点移动到地址栏内就可以输入 Web 地址了。IE 为地址输入提供了很多方便,如用户不用输入像 http://、ftp:// 这样的协议开始部分,IE 会自动补上。还有用户第一次输入某个地址时,只须输入开始的几个字符,IE 就会检查保存过的地址并把开始几个字符与用户输入的字符符合的地址罗列出来供用户选择。用户可以选择其一,然后单击即可转到相应地址。如图 5-3 所示,当输入字母 s,IE 会列出多个域名第一个字母为 s 的页面地址,只要从中选定所需的单击就可以了,不必输入完整的 URL。

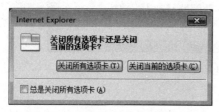

图 5-2　IE 9 浏览器的关闭提示

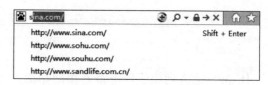

图 5-3　页面地址 URL 的输入

输入 Web 地址后,按 Enter 键或单击"转到"按钮,浏览器就会按照地址栏中的地址转到相应的网站或页面。

(2)浏览网页。进入页面后即可浏览网页了。某个 Web 站点的第一页称为主页或首页,主页上通常都设有类似目录一样的网站索引,表述网站设有哪些主要栏目、近期要闻或改动等。需要注意的是,网页上有很多链接,它们或显现不同的颜色,或有下画线,或是图片,最明显的标志是光标移到其上时,光标会变成一只小手形状。单击一个链接就可以从一个页面跳转到另一个页面,再单击新页面中的链接又能跳转到其他页面。以此类推,便可沿着链接前进,就像从一个浪尖转到另一个浪尖一样,所以人们把浏览比作"冲浪"。要注意的是,有的链接单击之后会使本窗口页面内容改变,跳转到链接的页面,而有的链接单击之后会打开一个新的选项卡去显示页面。对于前者,可以在超链接上右击,在弹出的快捷菜单中选择"在新选项卡中打开"命令,这样就可以在新的选项卡中打开跳转页面了。同时,IE 也支持在新的窗口中打开跳转页面。

在浏览时,可能需要返回前面曾经浏览过的页面。此时,可以使用前面提到的"后退""前进"按钮来浏览最近访问过的页面。

① 单击"主页"按钮可以返回启动 IE 时默认显示的 Web 页。

② 单击"后退"按钮可以返回到上次访问过的 Web 页。

③ 单击"前进"按钮可以返回单击"后退"按钮前看过的 Web 页。

④ 在单击"后退"和"前进"按钮时,可以按住鼠标左键不放,会打开一个下拉列表,列出最近浏览过的几个页面,单击选定的页面,就可以直接跳转到该页面。

⑤ 单击"停止"按钮,可以终止当前页面文件的加载。

⑥ 单击"刷新"按钮,可以重新传送该页面的内容。

IE 浏览器还提供了许多其他的浏览方法,利用"历史""收藏夹"等实现有目的的浏览,提高浏览效率。

此外,很多网站都提供到其他站点的导航,还有一些专门的导航网站(如百度网址大全等),可以在上面通过分类目录导航的方式浏览网页。

3. Web 页面的保存和阅读

在浏览过程中,经常会遇到一些精彩或有价值的页面需要保存下来,待以后慢慢阅读,或复制到其他地方,而且有的因特网接入方式是按上网时间计费,因此将 Web 页保存到硬盘上也是一种经济的上网方式。

1) 保存 Web 页面

保存全部 Web 页的具体操作步骤如下。

(1) 打开要保存的 Web 页面。

(2) 按 Alt 键显示菜单栏,选择"文件"→"另存为"命令,打开"保存网页"对话框,或使用 Ctrl+S 键。

(3) 选择要保存文件的盘符和文件夹。

(4) 在"文件名"文本框内输入文件名。

(5) 在"保存类型"下拉列表框中根据需要可以从"网页,全部""Web 档案,单个文件""网页,仅 HTML""文本文件"4 类中选择一种。文本文件节省存储空间,但是只能保存文字信息,不能保存图片等多媒体信息。

(6) 单击"保存"按钮。

2) 打开已保存的 Web 页

对已保存的 Web 页,不用连接因特网即可打开阅读,因为网页的内容已经保存在本机上了,不再需要上网下载了。打开已保存 Web 页的具体操作如下。

(1) 在 IE 窗口上选择"文件"→"打开"命令,显示"打开"对话框。

(2) 在"打开"对话框的"打开"文本框中输入所保存的 Web 页的盘符和文件夹名。也可以单击"浏览"按钮,直接从文件夹中指定所要打开的 Web 页文件。

(3) 单击"确定"按钮。

3) 保存部分 Web 页面内容

有时候需要保存的并不是页面上的所有信息,这时可以灵活运用 Ctrl+C 键(复制)和 Ctrl+V 键(粘贴)将 Web 页面上部分感兴趣的内容复制、粘贴到某一个空白文件上。具体操作步骤如下。

(1) 选定想要保存的页面文字。

(2) 按 Ctrl+C 键,将选定的内容复制到剪贴板。

(3) 打开一个空白的 Word 文档或记事本,按 Ctrl+V 键将剪贴板中的内容粘贴到文档中。

(4) 给定文件名和指定保存位置,保存文档。

注意:保存在记事本里的文字不会保留页面上的字体和样式,超链接也会失效。

4) 保存图片、音频等文件

WWW 网页内容是非常丰富的,浏览时除了保存文字信息,还经常会保存一些图片。保存图片的具体操作步骤如下。

(1) 在图片上右击。

(2) 在弹出的快捷菜单中选择"图片另存为"命令,打开"保存图片"对话框。

(3) 在对话框内选择要保存的路径,输入图片的名称。

(4) 单击"保存"按钮。

5) 保存音频、视频文件和压缩文件等

因特网上的超链接都指向一个资源,这个资源可以是一个 Web 页面,也可以是声音文件、视频文件、压缩文件等。要下载保存这些资源,具体操作步骤如下。

(1) 在超链接上右击。

(2) 在弹出的快捷菜单中选择"目标另存为"命令,打开"另存为"对话框。

(3) 在对话框内选择要保存的路径,输入要保存的文件的名称。

(4) 单击"保存"按钮。

这时在 IE 窗口底部会出现一个下载传输状态窗口,如图 5-4 所示,其中包括下载完成百分比、估计剩余时间等信息和取消等控制功能。单击"查看下载"按钮可以打开 IE 的"查看下载"窗口,如图 5-5 所示,列出了通过 IE 下载的文件列表,以及它们的状态和保存位置等信息,方便用户查看和追踪下载的文件。

图 5-4　IE 下载状态

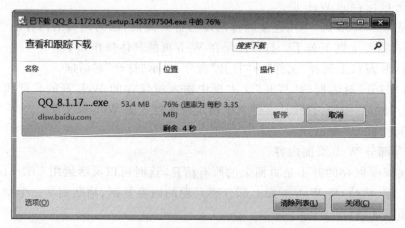

图 5-5　IE 查看下载任务

4. 更改主页

这里的"主页"是指每次启动 IE 后最先显示的页面,为了节约时间,可以将它设置为最频繁查看的网站。更改主页的步骤如下。

(1) 打开 IE 窗口。

(2) 选择"工具"→"Internet 选项"命令,打开"Internet 选项"对话框。

(3) 选择"常规"选项卡。

(4) 在"主页"选项组中单击"使用当前页"按钮,此时地址栏中就会填入当前 IE 浏览的 Web 页的地址;也可以在地址框中输入自己想设置为主页的页面地址;或单击"常规"选项卡中的"使用空白页"按钮。

(5) 单击"确定"或"应用"按钮。

5. 历史记录的使用

IE 会自动将浏览过的网页地址按日期先后保留在历史记录中,以备查用。灵活利用历史记录可以提高浏览效率。历史记录保留期限的长短可以设置,如果磁盘空间充裕,保留天数可以多些,否则可以少一些,用户也可以随时删除历史记录。下面简单介绍历史记录的使用和设置。

1) 历史记录的浏览

(1) 在 IE 窗口上单击 ★ 按钮,窗口左侧会打开"查看收藏夹、源和历史记录"窗格。

(2) 选择"历史记录"选项卡,搜索历史记录。

(3) 在默认的"按日期查看"方式下,单击指定日期的图标 ▦ ,进入下一级文件夹。

(4) 单击希望选择的网页文件夹图标 ▦ 。

(5) 单击某个网页地址图标,即可打开该网页进行浏览。

2) 历史记录的设置和删除

对历史记录设置保存天数和删除的操作如下。

(1) 选择"工具"→"Internet 选项"命令,打开"Internet 选项"对话框。

(2) 选择"常规"选项卡(见图 5-6)。

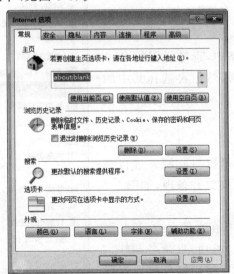

图 5-6 "Internet 选项"对话框

（3）单击"浏览历史记录"选项组中的"设置"按钮，打开"设置"对话框，在下方输入天数，系统默认为 20 天。

（4）如果要删除所有的历史记录，单击"删除"按钮，在弹出的"确认"对话框中选择要删除的内容。

（5）单击"确定"按钮，关闭"Internet 选项"对话框。

6. 收藏夹的使用

在网上浏览时，人们总希望将喜爱的网页地址保存起来以备使用。IE 提供的收藏夹提供保存 Web 页面地址的功能。收藏夹有两个明显的优点：①收入收藏夹的网页地址可由浏览者给定一个简明的、便于记忆的名字，当鼠标指针指向此名字时，会同时显示对应的 Web 页地址，单击该名字就可以转到相应的 Web 页，省去了在地址栏输入地址的操作；②收藏夹很像资源管理器，管理、操作网页都很方便。掌握收藏夹的操作对提高浏览网页的效率非常有益。

1）将 Web 页地址添加到收藏夹中

往收藏夹里添加 Web 页地址的方法有很多，而且都很方便。常用的方法如下。

（1）打开要收藏的网页。

（2）单击 ★ 按钮，在打开的窗格中选择"收藏夹"选项卡。

（3）单击"添加到收藏夹"按钮，在随后打开的"添加收藏"对话框中选择要保存到的文件夹位置。

（4）在"名称"文本框中输入设定的文件名称，或直接使用系统给定的文件名称。

（5）单击"确定"按钮，就会在收藏夹中添加一个网页地址。

2）使用收藏夹中的地址

使用收藏地址的常用方法如下。

（1）单击 IE 窗口上的 ★ 按钮，在打开窗格中选择"收藏夹"选项卡。

（2）在"收藏夹"窗格中，选择所需的 Web 页名称（或先打开文件夹，然后再选择其中的 Web 页名称）并单击，就可以转向相应的 Web 页。

3）整理收藏夹

为便于查找和使用，可以对收藏夹进行整理，使其中的网页地址存放更有条理，如图 5-7 所示。

在"收藏夹"选项卡中，在文件夹或 Web 页上右击，就可以进行复制、剪切、重命名、删除、新建文件夹等操作，还可以使用拖曳的方式移动文件夹和 Web 页的位置，从而改变收藏夹的

图 5-7　整理收藏夹

组织结构。

任务 2　信息的搜索

因特网就像一个浩瀚的信息海洋，如何在其中搜索到自己需要的有用信息，是每个因特网用户要遇到的问题。利用诸如新浪之类的网站提供的分类站点导航，是一个比较好的寻找有用信息的方法，但其搜索的范围还是太大，步骤也比较多。最常用的方法是利用搜索引擎，根据关键词来搜索需要的信息。

实际上，因特网上有不少好的搜索引擎，如百度（www.baidu.com）、搜狗（www.sogou.com）等。这里以利用百度为例，介绍一些最简单的信息检索方法，以提高信息检索效率。

具体操作步骤如下。

（1）在 IE 的地址栏中输入 www.baidu.com，打开百度页面。在搜索栏中输入关键词，如"奥运会比赛项目"，如图 5-8 所示。

图 5-8　百度搜索引擎主页

（2）单击文本框后面的"百度一下"按钮，开始搜索。

（3）在搜索结果页面中列出了所有包含关键词的网页地址，如图 5-9 所示，单击某一项就可以转到相应网页查看内容了。

另外，从图 5-8 上可以看到，关键词文本框上方除了默认选中的"网页"外，还有"新闻""贴吧""知道"、MP3、"图片""视频"等标签。在搜索的时候，选择不同的标签就可以针对不同的目标进行搜索，大幅提高了搜索的效率。

其他搜索引擎的使用方法和百度的使用方法基本类似。

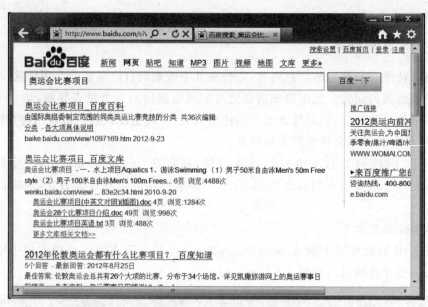

图 5-9　搜索结果页面

任务 3　使用 FTP 传送文件

通过之前的学习,了解了如何用 IE 浏览器浏览网页。浏览器除了能够搜索信息外,还可以以 Web 方式访问 FTP 站点,如果访问的是匿名 FTP 站点,则浏览器可以自动匿名登录。

当要登录一个 FTP 站点时,需要打开 IE 浏览器,在地址栏中输入 FTP 站点的 URL。需要注意的是,因为要浏览的是 FTP 站点,所以 URL 的协议部分应该输入 ftp:,例如一个完整的 FTP 站点 URL 如下(下面为上海交通大学的 FTP 站点 URL)。

ftp://ftp.sjtu.edu.cn

使用 IE 浏览器访问 FTP 站点并下载文件的操作步骤如下。

(1) 打开 IE 浏览器,在地址栏中输入要访问的 FTP 站点地址,如 ftp://ftp.sjtu.edu.cn。

(2) 如果不是匿名站点,则 IE 提示输入用户名和密码,然后再登录;如果是匿名站点,IE 会自动匿名登录,登录成功后的界面如图 5-10 所示。

(3) 若要下载文件,可在链接上右击,选择"目标另存为"命令。

另外,也可以在 Windows 资源管理器中查看 FTP 站点,操作步骤如下。

(1) 在"开始"按钮上右击,选择"打开 Windows 资源管理器",或在桌面上找到"计算机"图标并双击打开。

(2) 在资源管理器的地址中栏输入 FTP 站点地址,按 Enter 键。如图 5-11 所示,就和访问本机的资源管理器一样,可以双击某个文件夹进入浏览。

图 5-10 使用 IE 浏览 FTP 站点

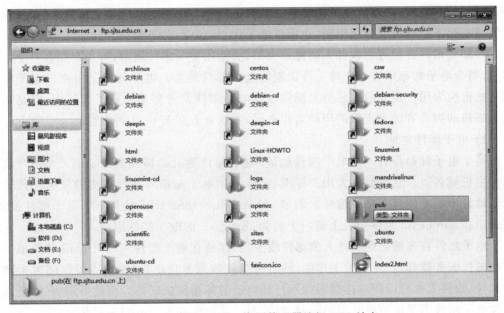

图 5-11 用 Windows 资源管理器访问 FTP 站点

（3）当有文件或文件夹需要下载时，可以在该文件或文件夹的图标上右击，在弹出的菜单中选择"复制到文件夹"命令，在弹出的"浏览文件夹"对话框中选择目的文件夹，然后单击"确定"按钮。

（4）IE 会弹出一个"正在复制"对话框，如图 5-12 所示。在这个对话框中可以看到复制的文件名称、复制到的文件夹，以及下载进度条和估算的剩余时间。

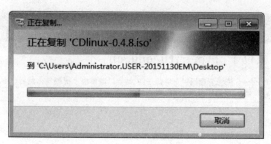

图 5-12 "正在复制"对话框

(5)复制完成后,"正在复制"对话框会自动关闭,然后到目的文件夹中查看,就可以看到文件已经被下载到本地磁盘中了。

任务 4 电子邮件

1. 电子邮件概述

电子邮件(E-mail)是因特网上使用非常广泛的一种服务,类似于普通生活中邮件的传递方式。电子邮件采用存储转发的方式进行传递,根据电子邮件地址(E-mail Address)由网上多个主机合作实现存储转发,从发信源节点出发,经过路径上若干个网络节点的存储和转发,最终使电子邮件传送到目的邮箱。由于电子邮件通过网络传送,具有方便、快速,不受地域或时间限制,费用低廉等优点,深受广大用户欢迎。

与邮寄信件必须写明收件人的地址类似,要使用电子邮件服务,首先要拥有一个电子邮箱,每个电子邮箱应有一个唯一可识别的电子邮件地址。电子邮箱是由提供电子邮件服务的机构为用户建立的。任何人都可以将电子邮件发送到某个电子邮箱中,但是只有电子邮箱的拥有者输入正确的用户名和密码,才能查看到 E-mail 的内容。

1)电子邮件地址

每个电子邮箱都有一个电子邮件地址,电子邮件地址的格式是固定的:＜用户名＞@＜主机域名＞。它由收件人用户标识、字符@和电子邮箱所在计算机的域名三部分组成。地址中间不能有空格或逗号。例如:zhangsan@sohu.com 就是一个电子邮件地址,它表示在 sohu.com 邮件主机上有一个名为 zhangsan 的电子邮件用户。

电子邮件首先被送到收件人的邮件服务器,存放在属于收件人的 E-mail 邮箱里。所有的邮件服务器都是 24 小时工作的,随时可以接收或发送邮件,发信人可以随时上网发送邮件,收件人也可以随时连接因特网打开自己的邮箱阅读邮件。由此可知,在因特网上收发电子邮件不受地域或时间的限制,双方的计算机也并不需要同时打开。

2)电子邮件的格式

电子邮件都有两个基本的组成部分:信头和信体。信头相当于信封,信体相当于信件内容。

(1)信头。信头中通常包括如下几项。

收件人:收件人的 E-mail 地址。多个收件人地址之间用分号(;)隔开。

抄送:表示同时可以接收到此信的其他人的 E-mail 地址。

主题：类似一本书的章节标题，它概括描述邮件的内容，可以是一句话或一个词。

（2）信体。信体就是希望收件人看到的正文内容，有时还可以包含有附件，比如照片、音频、文档等文件都可以作为邮件的附件进行发送。

3）申请免费邮箱

要使用电子邮件进行通信，每个用户必须有自己的邮箱。一般大型网站，如新浪、搜狐、网易等都提供免费邮箱。这里举例介绍在网易上注册"免费邮箱"：当进入网易主页后，单击"注册免费邮箱"一项，如图 5-13 所示，就可以进入"网易邮箱"页面，然后按要求逐一填写必要的信息，如用户名、密码等，进行注册。注册成功后，就可以登录此邮箱收发电子邮件了。

图 5-13　申请免费电子邮箱示例图

2. Outlook 2010 的使用

除了在 Web 页上进行电子邮件的收发，还可以使用电子邮件客户机软件。在日常应用中，使用后者更加方便，功能也更为强大。目前电子邮件客户机软件很多，如 Foxmail、金山邮件、Outlook 等都是常用的收发电子邮件客户机软件。虽然各软件的界面各有不同，但其操作方式基本都是类似的。比如，要发电子邮件，就必须填写收件人的邮件地址以及主题和邮件体。下面以 Microsoft Outlook 2010 为例详细介绍电子邮件的撰写、收发、阅读、回复和转发等操作。

1）账户的设置

在使用 Outlook 收发电子邮件之前，必须先对 Outlook 进行账户设置。打开 Outlook 2010 后，在"文件"→"信息"中找到"添加账户"按钮，如图 5-14 所示，单击该按钮，打开如图 5-15 所示的"添加新账户"对话框，选中"电子邮件账户"单选按钮，单击"下一步"按钮。在图 5-16 中正确填写 E-mail 地址和密码等信息，单击"下一步"按钮，Outlook 会自动联系邮箱服务器进行账户配置，稍后就会显示图 5-17，说明账户配置成功。

完成后，在"文件"→"信息"中账户信息下就可看到账户 zhufulei@163.com，此时就可以使用 Outlook 进行邮件收发了。

2）撰写与发送邮件

账户设置好后就可以收发电子邮件了。先试着给自己发送一封实验邮件，具体操作如下。

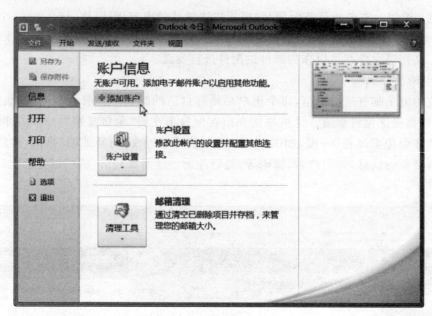

图 5-14　Outlook 账户信息

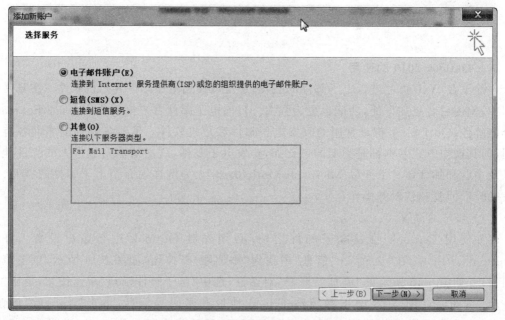

图 5-15　添加新账户

(1) 启动 Outlook。

(2) 单击"开始"选项卡中的"新建电子邮件"按钮,出现图 5-18 所示的撰写新邮件窗口。窗口上半部分为信头,下半部分为信体。将插入点依次移到信头相应位置,并填写如下各项。

收件人:zhufulei@163.com。

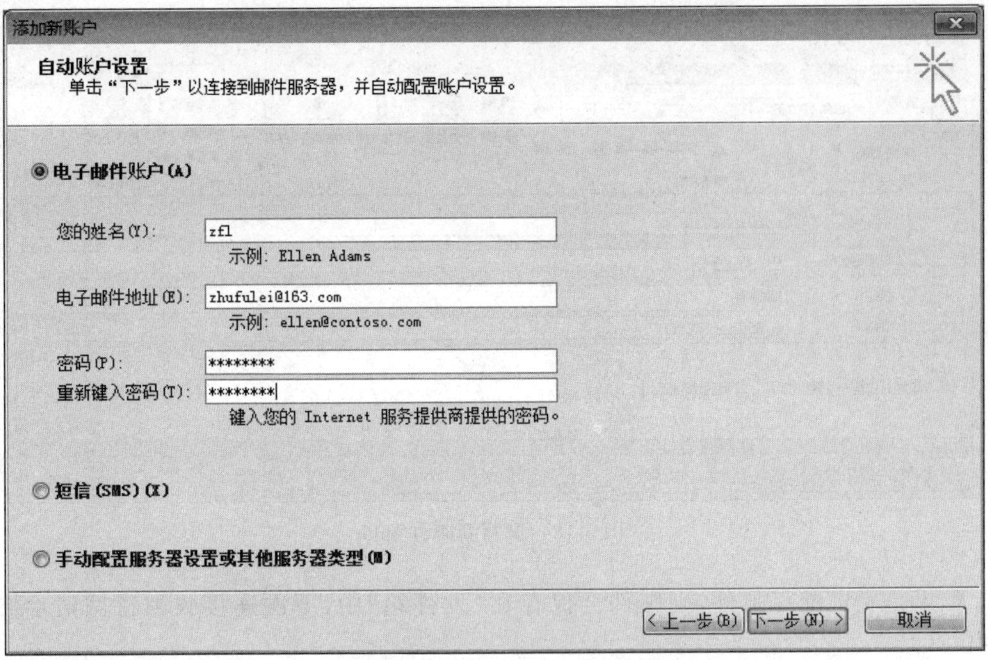

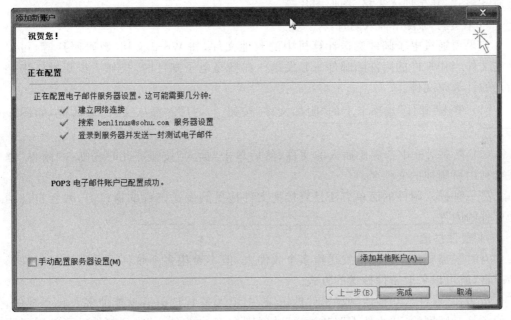

图 5-16 设置账户信息

图 5-17 添加账户成功

抄送：zfl@usl.edu.cn。

主题：测试邮件。

（3）将插入点移到信体部分，输入邮件内容。

（4）单击"发送"按钮，即可发往各收件人。

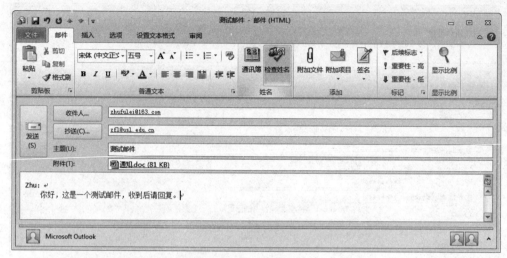

图 5-18　撰写新邮件窗口

如果是脱机撰写邮件,则邮件会保存在"发件箱"中,下次连接到因特网时会自动发出。

邮件信体部分可以像编辑 Word 文档一样去操作,例如可以改变字体颜色、大小,调整对齐格式,甚至插入表格、图形图片等。

3）在电子邮件中插入附件

如果要通过电子邮件发送计算机中的其他文件,如 Word 文档、数码照片等,可以将这些文件当作邮件的附件随邮件一起发送。在撰写电子邮件时,按如下步骤操作来插入指定的计算机文件。

（1）单击"邮件"选项卡上的"附加文件"按钮 ,打开"插入文件"对话框,如图 5-19 所示。

（2）在对话框中选定要插入的文件,然后单击"插入"按钮。此时在邮件"附件"框中就会列出所附加的文件名。

另一种插入附件的简单方法是直接把文件拖曳到发送邮件的窗口上,就会自动插入为邮件的附件。

4）密件抄送

有时候需要将一封邮件发送给多个收件人,但不希望多个收件人看到这封邮件都发给了谁,就可以采取密件抄送的方式。

虽然在"收件人""抄送"或"密件抄送"栏中填入多个 E-mail 就能使多人收到邮件,但它们还是有区别的。"收件人"与"抄送"的区别在于:"收件人"收到邮件后可能需要回复或采取其他措施,而"抄送"则不必。"收件人"（或"抄送"）与"密件抄送"的区别在于:"收件人"（或"抄送"）能够知道邮件发给了哪些人,而"密件抄送"则不知道。举例来说,如果按如下所示发送邮件。

收件人：gaoyun@sina.com。

抄送：zhangtao@163.com；liyi@sohu.com。

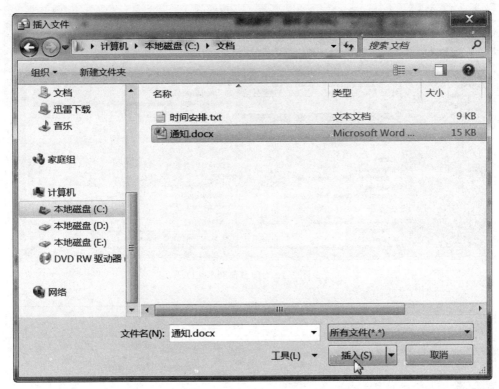

图 5-19 "插入文件"对话框

密件抄送：zhufulei@163.com。

那么该邮件将发送给收件人、抄送和密件抄送中列出的所有人，但 zhangtao@163.com 和 liyi@sohu.com 不会知道 zhufulei@163.com 也收到了该邮件。密件抄送中列出的邮件接收人彼此之间也不知道谁收到了邮件。本例中，zhufulei@163.com 知道 zhangtao@163.com 和 liyi@sohu.com 收到了邮件副本。

5）接收和阅读邮件

一般情况下，启动 Outlook 后，会默认自动接收邮件。如果任意时间想要查看是否有电子邮件，则单击工具栏上的"发送/接收"按钮即可。阅读邮件的操作步骤如下。

（1）单击 Outlook 窗口左侧的 Outlook 栏中的"收件箱"按钮。

（2）在随之出现的预览邮件窗口（见图 5-20）中，从邮件列表区中选择一个邮件并单击，则该邮件内容便显示在邮件预览区中。

（3）若要详细阅读或对邮件做各种操作，可以双击邮件列表区中的某个邮件，在弹出的阅读邮件窗口（见图 5-21）阅读即可。

当阅读完一封邮件后，可直接单击窗口中的"关闭"按钮，结束此邮件的阅读。

6）阅读和保存附件

如果邮件含有附件，则在"邮件"图标右侧会列出附件名称，如图 5-22 所示。需要查看附件内容时，可单击附件名称，在 Outlook 中预览，如本例中的"通知.doc"。若某些不是文档的文件无法在 Outlook 中预览，则可以双击打开。

图 5-20 预览邮件窗口

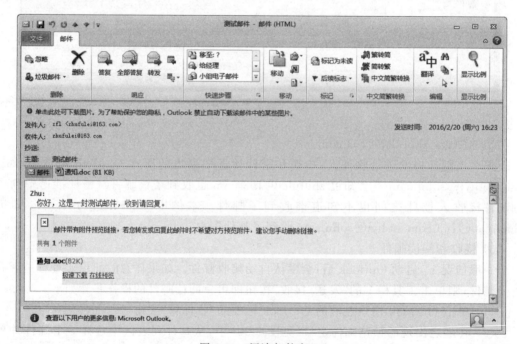

图 5-21 阅读邮件窗口

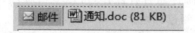

图 5-22 "附件"显示位置

如果要保存附件到另外的文件夹中,可右击文件名,在弹出的快捷菜单中选择"另存为"命令,在打开的"保存附件"对话框中指定保存路径,如图 5-23 所示,并单击"保存"按钮。

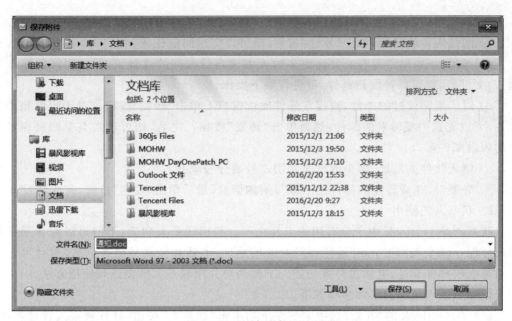

图 5-23 "保存附件"对话框

7) 回信与转发

(1) 回复邮件。看完一封邮件需要回复时,可以按如下步骤操作。

① 在邮件阅读窗口中,单击"答复"或"全部答复"按钮,如图 5-24 所示,在随之弹出的回信窗口中,发件人和收件人的地址已由系统自动填好,原信件的内容也都显示出来作为引用内容。

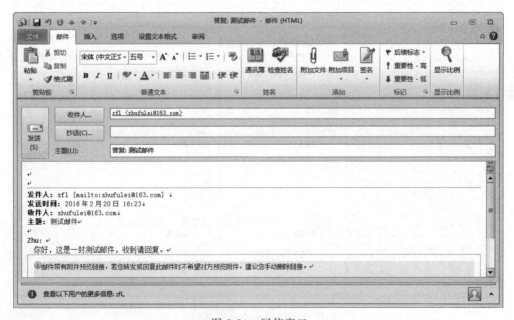

图 5-24 回信窗口

② 编写回信，这里允许原信内容和回信内容交叉，以便引用原信语句。

③ 回信内容就绪后，单击"发送"按钮，就可以完成回信任务。

（2）转发。如果觉得有必要让更多的人阅读自己收到的这封信，例如用邮件发布的通知、文件等，就可以转发该邮件，可进行如下操作。

① 对于刚阅读过的邮件，直接在邮件阅读窗口上单击"转发"按钮。对于收件箱中的邮件，可以先选中要转发的邮件，然后单击"转发"按钮。之后，均可进入类似回复窗口那样的转发邮件窗口。

② 填入收件人地址，多个地址之间用逗号或分号隔开。

③ 必要时，在待转发的邮件之下撰写附加信息，最后单击"发送"按钮，完成转发。

8）联系人的使用

联系人是 Outlook 中十分有用的工具之一。利用联系人功能，不但可以像普通通信录那样保存联系人的 E-mail 地址、邮编、通信地址、电话和传真号码等信息，而且可以自动填写电子邮件地址、电话拨号等功能。下面简单介绍联系人的创建和使用方法。

添加联系人信息的具体步骤如下。

（1）在 Outlook 的"开始"选项卡的左下角单击"联系人"按钮，打开联系人管理视图，如图 5-25 所示。

图 5-25　联系人管理视图

(2) 单击"新建联系人"按钮,打开联系人资料填写窗口,如图 5-26 所示。

图 5-26 新建联系人

(3) 将联系人的各项信息输入相关选项卡的相应文本框中,并单击"保存并关闭"按钮。此时,联系人的信息就建立在通讯簿中了。

提示:在邮件的预览窗口中,可以在 E-mail 地址上右击,在弹出的快捷菜单中选择"添加到 Outlook 联系人"命令,即可将该电子邮件地址添加到联系人中,如图 5-27 所示。

图 5-27 将邮件中的 E-mail 地址添加到联系人中

5.4　因特网和 Outlook 综合实训

1. 综合实训 1

（1）某模拟网站的地址为 HTTP:/ILOCALHOSTindex.htm，打开此网站，找到此网站的首页，将首页上所有最强评审的姓名作为 Word 文档的内容，每个姓名之间用逗号分开，并将此 Word 文档保存到考生文件夹下，文件命名为"A11names.docx"。

（2）向万峰发一个邮件，并将考生文件夹下的一个 Word 文档 open.docx 作为附件一起发出去。具体如下：

"收件人" Wanfeng@ncre.com

"主题"操作规范

"函件内容""实验室操作规范，具体见附件。"

2. 综合实训 2

（1）某模拟网站的主页地址是：HTTP:/LOCALHOST:65531/ExamWeb/new2017/index.html，打开此主页，浏览"节目介绍"页面，将页面中的图片保存到考生文件夹下，命名为"JIEMU.jpg"。

（2）接收并阅读由 xuexq@mail.neea.edu.cn 发来的 E-mail，将随信发来的附件以文件名 shenbao.doc 保存到考生文件夹下；并回复该邮件，主题为"工作答复"，正文内容为"你好，我们一定会认真审核并推荐，谢谢！

3. 综合实训 3

（1）某模拟网站的主页地址是：HTTP:/LOCALHOST:65531ExamWeb/new2017/index.html，打开此主页，浏览"绍兴名人"页面，查找介绍"秋瑾"的页面内容，将页面中秋瑾的照片保存到考生文件夹下，命名为"QIUJInN.jpg"，并将此页面内容以文本文件的格式保存到考生文件夹下，命名为"QIUJIN.txt"。

（2）接收并阅读由 xiaoqiang(@mail.ncre.edu.cn 发来的 E-mail，将此邮件地址保存到通讯录中，姓名输入"小强"，并新建一个联系人分组，分组名字为"小学同学"，将小强加入此分组中。

4. 综合实训 4

（1）某模拟网站的主页地址是：HTTP:/LOCALHOST:65531ExamWeb/new2017/index html，打开此主页，浏览"李白"页面，将页面中"李白"的图片保存到考生文件夹下，命名为 TIBAL.jpg"，查找"代表作"的页面内容并将它以文本文件的格式保存到考生文件夹下，命名为"IBDBZ.txt"。

（2）给王军同学（wj@mail.cumtb.edu.cn）发送 E-mail，同时将该邮件抄送给李明老师（lm@sina.com）。

① 邮件内容为"王军：您好！现将资料发送给您，请查收。赵华"；

② 将考生文件夹下的 jsjxkj.txt 文件作为附件一同发送；

③ 邮件的"主题"栏中填写"资料"。

项目 6

模拟练习（计算机等级考试一级真题）

模拟练习 1

1. Windows 基本操作

根据"模拟练习\考生文件夹 1"中提供的素材编辑文稿。

（1）在考生文件夹 1 下 BCD\MAM 文件夹中创建名为 BOOK 的新文件夹。

（2）将考生文件夹 1 下 ABCD 文件夹设置为"隐藏"属性。

（3）将考生文件夹 1 下 LING 文件夹中的 QIANG.C 文件复制在同一文件夹下，文件命名为 RNEW.C。

（4）搜索考生文件夹 1 中的 JIAN.PRG 文件，然后将其删除。

（5）为考生文件夹下 1 的 CAO 文件夹建立名为 CAO2 的快捷方式，存放在考生文件夹 1 下的 HUE 文件夹下。

2. 字处理

（1）在考生文件夹 1 下，打开文档 word1.docx，按照要求完成下列操作并以该文件名（word1.docx）保存文档。

① 将文中所有错词"隐士"替换为"饮食"；在页面底端插入内置"普通数字 2"型页码，并设置页码编号格式为Ⅰ、Ⅱ、Ⅲ、…，起始页码为Ⅴ。将页面颜色设置为橙色（标准色），页面纸张大小设置为"16 开(18.4 厘米 * 26 厘米)"。

② 将标题段文字（"运动员的饮食"）设置为二号、黑体、居中，文本效果设置为内置"渐变填充-紫色，强调文字颜色 4，映像"样式。

③ 将正文第四段文字（"游泳……糖类物质。"）移至第三段文字（"马拉松……绿叶菜等。"）之前；设置正文各段（"运动员的……绿叶菜等。"）的中文为楷体、西文为 Arial 字体；设置各段落左右各缩进 1 字符、段前间距 0.5 行、1.25 倍行距。设置正文第一段（"运动员的……也不同"）首行缩进 2 字符；为正文第二段至第四段（"体操……绿叶菜等。"）添加"1）、2）、3）、…"样式的编号。

（2）在考生文件夹 1 下，打开文档 word2.docx，按照要求完成下列操作并以该文件名（word2.docx）保存文档。

① 将文中后 6 行文字转换为一个 6 行 5 列的表格；将表格样式设置为内置"浅色列表，强调文字颜色 2"；设置表格居中、表格中所有文字水平居中；设置表格各列列宽为 2.7 厘米、各行行高为 0.7 厘米、单元格左、右边距各为 0.25 厘米。

② 设置表格外框线为 0.5 磅红色双窄线、内框线为 0.5 磅红色单实线；按"美国"列依据"数字"类型降序排列表格内容。

3. 电子表格

（1）在考生文件夹 1 下打开 excel.xlsx 文件。

① 将 Sheet1 工作表的 A1:F1 单元格合并为一个单元格，内容水平居中；按统计表第 2 行中每个成绩所占比例计算"总成绩"列的内容（数值型，保留小数点后 1 位），按总成绩的降序次序计算"成绩排名"列的内容（利用 RANK.EQ 函数）；利用条件格式将 F3:F17 区域设置为渐变填充红色数据条。

② 选取"选手号"列（A2:A17）和"总成绩"列（E2:E17）数据区域的内容建立"簇状圆锥图"，图表标题为"竞赛成绩统计图"，图例位于底部；将图表移动到工作表的 A19:F35 单元格区域内，将工作表命名为"竞赛成绩统计表"，保存 excel.xlsx 文件。

（2）打开工作簿文件 exc.xlsx，对工作表"产品销售情况表"内数据清单的内容进行筛选，条件为第 1 分店和第 2 分店且销售排名在前 15 名（请用"小于或等于"）；对筛选后的数据清单按主要关键字"销售排名"的升序次序和次要关键字"分店名称"的升序次序进行排序，工作表名不变，保存 exc.xlsx 工作簿。

4. 演示文稿

打开考生文件夹 1 下的演示文稿 yswg.pptx，按照下列要求完成对此文稿的修饰并保存。

（1）为整个演示文稿应用"波形"主题，全部幻灯片切换方案为"华丽型""碎片"，效果选项为"粒子输入"，放映方式为"观众自行浏览"。

（2）将第 1 张幻灯片版式改为"两栏内容"，标题为"分质供水"，将考生文件夹下图片 PPT1.png 插到右侧内容区，设置图片的"进入"动画效果为"旋转"。将第 2 张幻灯片版式改为"标题和竖排文字"。在第 1 张幻灯片前插入版式为"标题幻灯片"的新幻灯片，主标题为"分质供水，离我们有多远"，主标题设置为黑体、加粗、45 磅。副标题为"水龙头一开，生水可饮"，标题幻灯片背景为"绿色大理石"纹理，并隐藏背景图形。将第 2 张幻灯片移为第 3 张幻灯片。

5. 上网题

（1）浏览 http://localhost/web/juqing.htm 页面，在考生文件夹 1 下新建文本文件"剧情介绍.txt"，将页面中剧情简介部分的文字复制到文本文件"剧情介绍.txt"中并保存。将电影海报照片保存到考生文件夹 1 下，命名为"电影海报.jpg"。

（2）接收并阅读由 xuexq@mail.neea.edu.cn 发来的 E-mail，并立即转发给王国强。王国强的 E-mail 地址为：wanggq@mail.home.net。

模拟练习 2

1. Windows 基本操作
根据"模拟练习\考生件夹 2"中提供的素材编辑文稿。
(1) 在考生件夹 2 下新建名为 BOOT.TXT 的新空文件。
(2) 将考生件夹 2 下 GANG 文件夹复制到考生文件夹下的 UNIT 文件夹中。
(3) 将考生件夹 2 下 BAOBY 文件夹设置"隐藏"属性。
(4) 搜索考生件夹 2 中的 URBG 文件夹,然后将其删除。
(5) 为考生件夹 2 下 WEI 文件夹建立名为 RWEI 的快捷方式,并存放在考生件夹 2 下的 GANG 文件夹中。

2. 字处理
(1) 在考生件夹 2 下,打开文档 word1.docx,按照要求完成下列操作并以该文件名(word1.docx)保存文档。

① 为文中所有"凤凰"一词添加着重号。设置页面纸张大小为"16 开(18.4 厘米 * 26 厘米)",并为页面添加橙色(标准色)阴影边框和内容为"小学生作文"的红色(标准色)水印。

② 将标题段文字("小学生作文——多漂亮的'凤凰'")设置为小二号、红色(标准色)、黑体、加粗、居中,添加图案为"浅色棚架/自动"的黄色(标准色)底纹。

③ 将正文各段文字("今天……太漂亮了!")设置为四号宋体、首行缩进 2 字符、段前间距 0.5 行、1.25 倍行距;将正文第二段("当我来到……优雅的环境呀!")分为等宽的两栏;栏间加分隔线。

(2) 在考生件夹 2 下,打开文档 word2.docx,按照要求完成下列操作并以该文件名(word2.docx)保存文档。

① 将文中后 6 行文字转换为一个 6 行 5 列的表格;设置表格居中,表格第 1、第 2 行文字水平居中,其余各行文字的第 1 列"中部两端对齐"、其余各列"中部右对齐";设置表格各列列宽为 2.9 厘米、各行行高为 0.7 厘米;表中文字设置为五号仿宋。

② 分别合并第 1、第 2 行第 1 列单元格,第 1 行第 2、第 3、第 4 列单元格和第 1 行、第 2 行第 5 列单元格;在"合计(万台)"列的相应单元格中,计算并填入一季度该产品的合计数量;设置外框线为 0.75 磅红色(标准色)双窄线、内框线为 1 磅蓝色(标准色)单实线;设置表格第 1、第 2 行为"白色,背景 1,深色 25%"底纹。

3. 电子表格
(1) 打开工作簿文件 excel.xlsx。

① 将工作表 Sheet1 的 A1:E1 单元格合并为一个单元格,内容水平居中,计算"销售额"列的内容(销售额=单价×销售数量);计算 G4:I8 单元格区域内各种产品的销售额(利用 SUMIF 函数)、销售额的总计和所占百分比(百分比型,保留小数点后 2 位),将工作表命名为"年度产品销售情况表"。

②选取 G4:I7 单元格区域内的"产品名称"列和"所占百分比"列单元格的内容建立"分离型三维饼图",图表标题为"产品销售图",移动到工作表的 A13:G28 单元格区域内。

(2)打开工作簿文件 exc.xlsx,利用工作表"图书销售情况表"内数据清单的内容,在现有工作表的 I6:N11 单元格区域内建立数据透视表,行标签为"图书类别",列标签为"季度",求和项为"销售额",工作表名不变,保存 exc.xlsx 工作簿。

4. 演示文稿

打开考生件夹 2 下的演示文稿 yswg.pptx,按照下列要求完成对此文稿的修饰并保存。

(1)将第 2 张幻灯片的版式改为"两栏内容",将第 3 张幻灯片文本移到第 2 张幻灯片左侧内容区,右侧内容区插入考生文件夹中图片 ppt1.png,设置图片的"进入"动画效果为"飞旋",持续时间为 2 秒。第 1 张幻灯片的版式改为"垂直排列标题与文本",标题为"神舟十号飞船的飞行与工作"。第 1 张幻灯片前插入一张版式为"空白"的新幻灯片,在位置(水平:1.2 厘米,自:左上角,垂直:7.1 厘米,自:左上角)插入样式为"填充-蓝色,强调文字颜色 6,暖色粗糙棱台"的艺术字"神舟十号飞船载人航天首次应用性飞行",艺术字文字效果为"转换-跟随路径-上弯弧",艺术字宽度为 22 厘米,高度为 6 厘米。将第 2 张幻灯片移为第 3 张幻灯片,并删除第 4 张幻灯片。

(2)将第 1 张幻灯片的背景设置为"花束"纹理;全文幻灯片切换方案设置为"华丽型""框",效果选项为"自底部"。

5. 上网题

(1)浏览 http://localhost/web/index.htm 页面,将页面以 GB2312.htm 名字保存到考生件夹 2 中。

(2)接收并阅读由 xuexq@mail.neea.edu.cn 发来的 E-mail,并立即回复,回复内容:"同意您的安排,我将准时出席。"

模拟练习 3

1. Windows 基本操作

(1)将考生文件夹 3 下 COMMAND 文件夹中的文件 REFRESH.HLP 移动到考生文件夹 3 下 ERASE 文件夹中,并改名为 SWEAM.HLP。

(2)删除考生文件夹 3 下 ROOM 文件夹中的文件 GED.WRI。

(3)将考生文件夹 3 下 FOOTBAL 文件夹中的文件 SHOOT.FOR 的只读和隐藏属性取消。

(4)在考生文件夹 3 下 Form 文件夹中建立一个新文件夹 Sheet。

(5)将考生文件夹 3 下 MYLEG 文件夹中的文件 WEDNES.PAS 复制到同一文件夹中,并改名为 FRIDAY.PAS。

2. 字处理

(1)在考生文件夹 3 下,打开文档 word1.docx,按照要求完成下列操作并以该文件名

word1.docx 保存文档。

① 将文中所有错词"款待"替换为"宽带";设置页面颜色为"橙色,强调文字颜色6,淡色80%";插入内置"奥斯汀"型页眉,输入页眉内容"互联网发展现状"。

② 将标题段文字("宽带发展面临路径选择")设置为三号、黑体、"标准色-红色"、倾斜、居中并添加"标准色-深蓝"波浪下画线;将标题段设置为段后间距1行。

③ 设置正文各段("近来,……都难以获益。")首行缩进2字符、20磅行距、段前间距0.5行。将正文第二段("中国出现……历史机遇。")分为等宽的两栏;为正文第二段中的"中国电信"一词添加超链接,链接地址为 http://www.189.cn/。

(2) 在考生文件夹3下,打开文档 word2.docx,按照要求完成下列操作并以该文件名 word2.docx 保存文档。

① 将文中后4行文字转换为一个4行4列的表格;设置表格居中,表格各列列宽为2.5厘米、各行行高为0.7厘米;在表格最右边增加一列,列标题为"平均成绩",计算各考生的平均成绩,并填入相应单元格内,计算结果的格式为默认格式;按"平均成绩"列依据"数字"类型降序排列表格内容。

② 设置表格中所有文字水平居中;设置表格外框线及第1、第2行间的内框线为0.75磅紫色(标准色)双窄线,其余内框线为1磅"标准色-红色"单实线;将表格底纹设置为"红色,强调文字颜色2,淡色80%"。

3. 电子表格

(1) 打开工作簿文件 excel.xlsx。

① 将工作表 Sheet1 的 A1:E1 单元格合并为一个单元格,内容水平居中;计算"维修件数所占比例"列(维修件数所占比例=维修件数÷销售数量,百分比型,保留小数点后2位),利用 IF 函数给出"评价"列的信息,维修件数所占比例的数值大于10%,在"评价"列内给出"一般"信息,否则给出"良好"信息。

② 选取"产品型号"列和"维修件数所占比例"列单元格的内容建立"三维簇状柱形图",图表标题为"产品维修件数所占比例图",移动到工作表 A19:F34 单元格区域内,将工作表命名为"产品维修情况表"。

(2) 打开工作簿文件 exc.xlsx,对工作表"选修课程成绩单"内数据清单的内容按主要关键字"系别"的升序,次要关键字"课程名称"的升序进行排序,对排序后的数据进行分类汇总,分类字段为"系别",汇总方式为"平均值",汇总项为"成绩",汇总结果显示在数据下方,工作表名不变,保存 exc.xlsx 工作簿。

4. 演示文稿

打开考生文件夹3下的演示文稿 yswg.pptx,按照下列要求完成对此文稿的修饰并保存。

(1) 为整个演示文稿应用"聚合"主题,全部幻灯片切换方案为"闪光"。

(2) 在第1张幻灯片前插入版式为"两栏内容"的新幻灯片,标题为"具有中医药文化特色的同仁堂中医医院",将考生文件夹下图片 PPT1.png 插到右侧内容区,设置图片的"进入"动画效果为"翻转式由远及近",将第2张幻灯片的第二段文本移到第1张幻灯片左侧内容区。第2张幻灯片版式改为"比较",标题为"北京同仁堂中医医院",将考生文件夹下图片 PPT2.png 插入右侧内容区,设置左侧文本的"进入"动画效果为"飞入",效果选项为"自左侧"。在第1张幻灯片前插入版式为"空白"的新幻灯片,在位置(水平:1.5厘米,自:左上角,垂直:8.1厘米,自:左上角)插入样式为"填充-红色,强调文字颜色2,粗糙棱台"的艺术字"名店、名药、名医的同仁堂中医医院",艺术字文字效果为"转换-跟随路径-下弯弧",艺术字高为3.5厘米,宽为22厘米。将第2张幻灯片移为第3张幻灯片。删除第4张幻灯片。

5. 上网题

(1) 浏览 http://localhost/web/djks/eduinfo.htm 页面,将"吴建平:IPv6是未来三网融合基础传输方向"页面另存到考生目录,文件名为 IPv6,保存类型为"网页,仅HTML(*.htm;*.html)"。

(2) 给你的好友张龙发送一封主题为"购书清单"的邮件,邮件内容为:"附件中为购书清单,请查收。",同时把附件:"购书清单.docx"一起发送给对方,张龙的邮箱地址为 zhanglong@126.com。

模拟练习4

1. Windows 基本操作

(1) 将考生文件夹4下 MIRROR 文件夹中的文件 JOICE.BAS 设置为隐藏属性。

(2) 将考生文件夹4下的 Snow 文件夹中的文件夹 Drigen 删除。

(3) 将考生文件夹4下 NEWFILE 文件夹中的文件 AUTUMN.FOR 复制到考生文件夹下 WSK 文件夹中,并改名为 SUMMER.FOR。

(4) 在考生文件夹4下 Yellow 文件夹中新建一个文件夹 Studio。

(5) 将考生文件夹4下 CPC 文件夹中的文件 TOKEN.DOCX 移动到考生文件夹下 STEEL 文件夹中。

2. 字处理

(1) 在考生文件夹4下,打开文档 word1.docx,按照要求完成下列操作并以该文件名 word1.docx 保存文档。

① 将文中所有"质量法"替换为"产品质量法";设置页面纸张大小为"16开(18.4厘米×26厘米)"。

② 将标题段文字("产品质量法实施不力地方保护仍是重大障碍")设置为三号、楷体、蓝色(标准色)、倾斜、居中并添加黄色(标准色)底纹;将标题段设置为段后间距为1行;为标题段添加脚注,脚注内容为"源自新浪网"。

③ 设置正文各段落("为规范……容身之地。")左右各缩进2字符,行距为20磅,段前间距0.5行;设置正文第一段("为规范……重大障碍。")首字下沉2行,距正文0.1厘米;设置正文第二段("安徽……'打假'者。")首行缩进2字符,并为第二段中的"安徽"一词添加超链接,链接地址为 http://www.ah.gov.cn/;为正文第三段("大量事实……容身

之地。")添加项目符号●。

(2) 在考生文件夹4下,打开文档word2.docx,按照要求完成下列操作并以该文件名word2.docx保存文档。

① 将文中的后5行文字转换为一个5行6列的表格;设置表格居中,表格第一行文字水平居中,其余各行文字靠下右对齐;设置表格各列列宽为2厘米,各行行高为0.7厘米。

② 在表格的最后增加一行,其行标题为"午休",再为"午休"两字设置"标准色-黄色"底纹;合并第6行第2至6列单元格;设置表格外框线为1.5磅"标准色-红色"双窄线实线、内框线为1.5磅"标准色-蓝色"单实线。

3. 电子表格

(1) 在考生文件夹4下打开excel.xlsx文件。

① 将Sheet1工作表的A1:D1单元格合并为一个单元格,内容水平居中;计算"全年总量"行的内容(数值型,小数位数为0),计算"所占百分比"列的内容(所占百分比=月销售量÷全年总量,百分比型,保留小数点后两位);如果"所占百分比"列内容高于或等于8%,在"备注"列内给出信息"良好",否则内容为""(一个空格)(利用IF函数);利用条件格式的"图标集""三向箭头(彩色)"修饰C3:C14单元格区域。

② 选取"月份"列(A2:A14)和"所占百分比"列(C2:C14)数据区域的内容建立"带数据标记的折线图",标题为"销售情况统计图",清除图例;将图表移动到工作表的A17:F33单元格区域内,将工作表命名为"销售情况统计表",保存excel.xlsx文件。

(2) 打开工作簿文件exc.xlsx,对工作表"图书销售情况表"内数据清单的内容按主要关键字"季度"的升序次序和次要关键字"经销部门"的降序次序进行排序,对排序后的数据进行高级筛选(条件区域设在A46:F47单元格区域,将筛选条件写入条件区域的对应列上),条件为少儿类图书且销售量排名在前二十名(用"<=20"),工作表名不变,保存exc.xlsx工作簿。

4. 演示文稿

打开考生文件夹4下的演示文稿yswg.pptx,按照下列要求完成对此文稿的修饰并保存。

(1) 为整个演示文稿应用"穿越"主题。全部幻灯片切换方案为"旋转",效果选项为"自左侧"。放映方式为"观众自行浏览"。

(2) 将第2张幻灯片的版式改为"两栏内容",标题为"人民币精品收藏",将考生文件夹4下图片PPT1.png插到右侧内容区,设置图片的"进入"动画效果为"轮子",效果选项为"8轮辐图案"。在第1张幻灯片前插入版式为"标题幻灯片"的新幻灯片,主标题为"人民币收藏",副标题为"见证国家经济发展和人民生活改善"。在第3张幻灯片后插入版式为"标题和内容"的新幻灯片,标题为"第一套人民币价格",内容区插入11行3列的表格,第1行的第1、第2、第3列内容依次为"名称""面值"和"市场参考价",其他单元格的内容根据第2张幻灯片的内容按面值从小到大的顺序依次从上到下填写,例如,第2行的3列内容依次为"壹元(工农)""1元"和"3200元"。在第4张幻灯片插入备注:"第一套人民币收藏价格(2013年7月1日北京报价)"。删除第2张幻灯片。

5. 上网题

（1）打开 http://localhost/web/djks/research.htm 页面，浏览"关于2009年度'高等学校博士学科点专项科研基金'联合资助课题立项的通知"页面，将附件："2009年度'高等学校博士学科点专项科研基金'联合资助课题清单"下载保存到考生目录，文件名为"课题清单.xlsx"。

（2）发送一封主题为 Happy New Year 的电子邮件，邮件内容为："Happy New Year,李小朋"，并将贺年卡 HappyNewYear.jpg 图片作为附件一同发送。接收邮箱地址：lxpeng88@163.com。

模拟练习5

1. Windows 基本操作

（1）将考生文件夹5下 SEVEN 文件夹中的文件 SIXTY.WAV 删除。

（2）在考生文件夹5下 Wondful 文件夹中新建一个文件夹 Iceland。

（3）将考生文件夹5下 Speak 文件夹中的文件 Remove.xlsx 移动到考生文件夹下 Talk 文件夹中，并改名为 Answer.xlsx。

（4）将考生文件夹5下 STREET 文件夹中的文件 AVENUE.OBJ 复制到考生文件夹下 TIGER 文件夹中。

（5）将考生文件夹5下 MEAN 文件夹中的文件 REDHOUSE.BAS 设置为隐藏属性。

2. 字处理

（1）在考生文件夹5下，打开文档 word1.docx，按照要求完成下列操作并以该文件名 word1.docx 保存文档。

① 将标题段（"分析：超越 Linux、Windows 之争"）的所有文字设置为三号、"标准色-黄色"、加粗、居中，并添加"标准色-蓝色"底纹，其中的英文文字设置 Batang 字体，中文文字设置为黑体。

② 将正文各段文字（"对于微软官员……它就难于反映在统计数据中。"）设置为小四号楷体，首行缩进2字符，段前间距1行。为页面添加内容为"开放的时代"的文字水印。

③ 将正文第一段（"对于微软官员,……人们应该持一个怀疑的态度。"），左右各缩进5字符，悬挂缩进2字符，行距18磅；将正文第三段（"同时,……对软件的控制并产生收入。"）分为等宽的两栏,设置栏宽为18字符。

（2）在考生文件夹下，打开文档 word2.docx，按照要求完成下列操作并以该文件名 word2.docx 保存文档。

① 在表格的最右边增加一列，列标题为"总学分"，计算各学年的总学分（总学分＝（理论教学学时＋实践教学学时）÷2），将计算结果填入相应单元格内。

② 在表格的底部增加一行，行标题为"学时合计"，分别计算四年理论、实践教学总学

时,将计算结果填入相应单元格内;将表格中全部内容的对齐方式设置为水平居中。

3. 电子表格

(1) 在考生文件夹 5 下打开 excel.xlsx 文件。

① 将 Sheet1 工作表的 A1:F1 单元格合并为一个单元格,文字居中对齐;计算"同比增长"行内容(同比增长=(08 年销售值-07 年销售值)÷07 年销售值,百分比型,保留小数点后 2 位),计算"年最高值"列的内容(利用 MAX 函数,置于 F3 和 F4 单元格内);将 A2:F5 数据区域设置为自动套用格式"表样式浅色 5"(取消筛选)。

② 选取"季度"行(A2:E2)和"同比增长"行(A5:E5) 数据区域的内容建立"簇状柱形图",图表标题在图表上方,图表标题为"销售同比增长统计图",清除图例;将图表移动到工作表 A7:F17 单元格区域,将工作表命名为"销售情况统计表",保存 excel.xlsx 文件。

(2) 打开工作簿文件 exc.xlsx,对工作表"产品销售情况表"内数据清单的内容按主要关键字"季度"的升序次序和次要关键字"产品型号"的降序次序进行排序,完成对各季度销售额总和的分类汇总,汇总结果显示在数据下方,工作表名不变,保存 exc.xlsx 工作簿。

4. 演示文稿

打开考生文件夹 5 下的演示文稿 yswg.pptx,按照下列要求完成对此文稿的修饰并保存。

(1) 为整个演示文稿应用"凤舞九天"主题,全部幻灯片切换方案为"华丽型""库",效果选项为"自左侧"。

(2) 在第 2 张幻灯片前插入版式为"比较"的新幻灯片,主标题为"舍小家为大家,为群众排忧解难",将考生文件夹下图片 PPT1.png 插到左侧内容区,将考生文件夹下图片 PPT2.png 插到右侧内容区,左右侧两图片动画效果均设置为"进入""翻转式由远及近",将第 3 张幻灯片的第四段文本移到第 2 张幻灯片左侧内容区上方的小标题区,而第 2 张幻灯片右侧内容区上方的小标题内容为第 3 张幻灯片的第一段文本。第 1 张幻灯片的版式改为"垂直排列标题与文本"。在第 1 张幻灯片前插入版式为"空白"的新幻灯片,在位置(水平:3.8 厘米,自:左上角,垂直:6.9 厘米,自:左上角)插入样式为"填充-白色,投影"的艺术字"柔情民警'老魏哥'",艺术字文字效果为"转换-弯曲-波形 1",艺术字高为 4 厘米。第 1 张幻灯片的背景为"胡桃"纹理。删除第 4 张幻灯片。

5. 上网题

(1) 浏览 http://localhost/web/djks/mobile.htm 页面,在考生目录下新建文本文件 e63.txt,将页面中文字介绍部分复制到 e63.txt 中并保存。将页面上的手机图片另存到考生目录,文件名为 e63,保存类型为 JPEG(*.jpg)。

(2) 接收并阅读来自 zhangqiang@sohu.com 的邮件,主题为:网络游侠。回复邮件,并抄送给 xiaoli@hotmail.com。邮件内容为:游戏确实不错,值得一试,保持联系。

模拟练习 6

1. 编辑文稿操作

调入"模拟练习\考生文件夹 6"中的 ED1.DOCX 文件,参考图 6-1 所示的样张,按下列要求进行操作。

(1) 将页面设置为 A4 纸,上、下、左、右页边距均为 2.8 厘米,装订线距左侧 0.3 厘米,每页 42 行,每行 42 个字符。

(2) 给文章加标题"食用海带",设置其格式为方正姚体、一号字、标准色-浅绿,居中显示,字符间距缩放 150%。

(3) 设置正文第一段首字下沉 3 行,首字字体为黑体、标准色-浅绿,其余各段设置为首行缩进 2 字符。

(4) 给正文第二段添加标准色-蓝色、1.5 磅、单波浪线方框。

(5) 参考样张,在正文适当位置插入图片"海带.jpg",设置图片高度、宽度缩放比例均为 60%,环绕方式为穿越型,图片样式为柔化边缘椭圆。

(6) 将正文中所有的"海带"设置为标准色-浅绿、倾斜。

(7) 将正文最后一段分为偏左的两栏,栏间加分隔线。

(8) 保存文件 ED1.DOCX,存放于"考生文件夹 6"中。

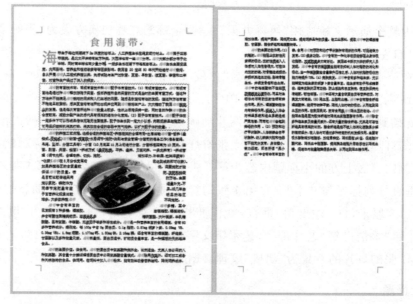

图 6-1　文稿样张 1

2. 编辑 Excel 图表操作

调入"模拟练习\考生文件夹 6"中的 EX1.XLSX 文件,参考图 6-2 所示的样张,按下列要求进行操作。

(1) 在"3月销售额"工作表中,设置第一行标题文字"总销售额统计表",在 A1:F1 单元格区域合并后居中,字体格式为黑体、12号字、标准色-红色。

(2) 在"3月销售额"工作表中,设置 A2:F2 单元格背景填充色为标准色-黄色。

(3) 在"3月销售额"工作表的 F 列中,利用公式计算每天的销售额(销售额=单价×销售数量)。

(4) 在"3月销售额"工作表中,设置 A2:F30 单元格区域外框线为最粗实线,内框线为最细实线。

(5) 复制"3月销售额"工作表,将新复制的工作表命名为"销售汇总"。

(6) 在"销售汇总"工作表中,按产品名称的升序排序,并按照产品名称分类汇总,对销售额进行求和汇总。

(7) 参考样张,在"销售汇总"工作表中,根据汇总数据,生成一张反映各产品"销售额"汇总数据的"三维簇状柱形图",嵌入当前工作表中,图表上方标题为"各产品3月份销售汇总"、仿宋、16磅字,无图例,数据标签显示值。

(8) 保存文件 EX1.XLSX,存放于"考生文件夹6"中。

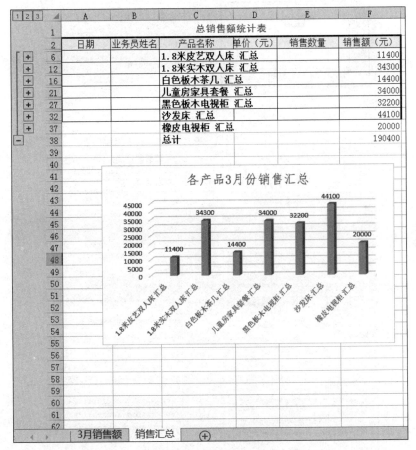

图 6-2 图表样张 1

3. 编辑演示文稿操作

调入"模拟练习\考生文件夹 6"中的 PT1.PPTX 文件,参考图 6-3 所示的样张,按下列要求进行操作。

(1) 所有幻灯片应用主题 theme01.potx,设置所有幻灯片切换效果为轨道(自顶部)。

(2) 为第三张幻灯片中带项目符号的文字创建超链接,分别指向具有相应标题的幻灯片。

(3) 在第三张幻灯片中插入图片"民乐.jpg",设置图片高度为 9 厘米、宽度为 11 厘米,图片的进入动画效果为:缩放(幻灯片中心)、持续时间为 3 秒。

(4) 利用幻灯片母版,设置所有"标题和内容"版式幻灯片的标题样式为:宋体、42 号字、倾斜、标准色-深蓝。

(5) 除标题幻灯片外,在其它幻灯片中插入自动更新的日期(样式为"××××年××月××日星期×")及幻灯片编号。

(6) 保存文件 PT1.PPTX,存放于"考生文件夹 6"中。

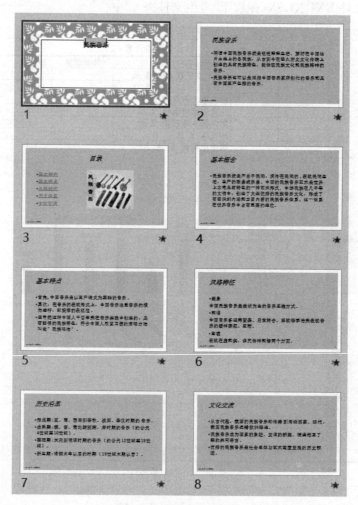

图 6-3　演示文稿样张 1

模拟练习 7

1. 编辑文稿操作

调入"模拟练习\考生文件夹 7"中的 ED2.DOCX 文件,参考图 6-4 所示的样张,按下列要求进行操作。

(1) 将页面设置为 A4 纸,上、下、左、右页边距均为 2.2 厘米,每页 42 行,每行 42 个字符。

(2) 给文章加标题"KPI 指标",设置其格式为幼圆、小一号字、标准色-深红,居中显示,字符间距加宽 6 磅,标题段后间距 0.5 行。

(3) 设置正文所有段落首行缩进 2 字符,1.3 倍行距,并在正文第一行的 KPI 后添加尾注:"一种目标式量化管理指标"。

(4) 将正文中所有的"关键绩效指标"设置为标准色-深红、倾斜、加着重号。

(5) 参考样张,在正文适当位置插入图片 KPI.jpg,设置图片高度为 5 厘米、宽度为 7 厘米,环绕方式为紧密型,图片样式为居中矩形阴影。

(6) 参考样张,在正文适当位置插入"圆角矩形标注",在其中添加文字"KPI 目标",设置其字体格式为:方正姚体、四号字、标准色-深蓝,设置该形状的填充色为标准色-浅绿,轮廓色为标准色-橙色,环绕方式为四周型。

(7) 给正文最后一段添加标准色-紫色、双波浪线方框,底纹填充标准色-黄色。

(8) 保存文件 ED2.DOCX,存放于考生文件夹 7 中。

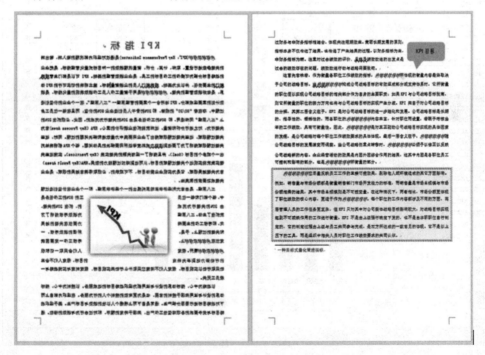

图 6-4 文稿样张 2

2. 编辑 Excel 图表操作

调入"模拟练习\考生文件夹 7"中的 EX2.XLSX 文件，参考图 6-5 所示的样张，按下列要求进行操作。

（1）在"产品入库"工作表中，设置第一行标题文字"产品入库明细表"，在 A1:J1 单元格区域合并后居中，字体格式为黑体、16 磅字、标准色-红色。

（2）在"产品入库"工作表中，将 A 列设置为形如"RK21301，RK21302，……RK21330"。

（3）在"产品入库"工作表中，为 A2:J2 单元格区域填充标准色-橙色。

（4）在"产品入库"工作表的 I 列中，利用公式分别计算入库产品的金额（金额＝单价×入库数量）。

（5）在"产品入库"工作表的 J 列中，利用条件格式将无发票的单元格设置为浅红色填充。

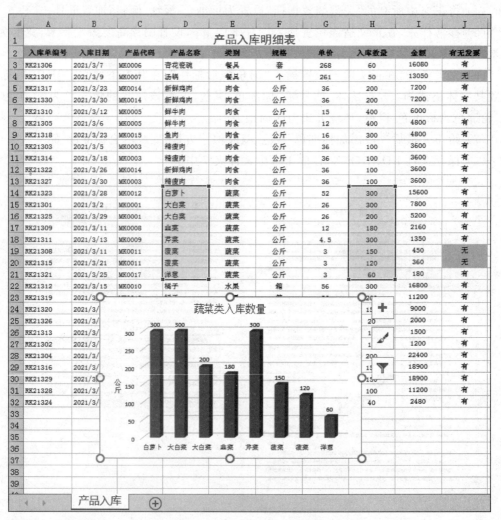

图 6-5　图表样张 2

（6）在"产品入库"工作表中，先按"类别"升序排序，类别相同再按"金额"降序排序。

（7）参考样张，在"产品入库"工作表中，根据蔬菜类产品名称及入库数量，生成一张"三维簇状柱形图"，嵌入当前工作表中，图表上方标题为"蔬菜类入库数量"，主要纵坐标轴竖排标题为"公斤"，无图例，数据标签显示值。

（8）保存文件EX2.XLSX，存放于考生文件夹7中。

3. 编辑演示文稿操作

调入"模拟练习\考生文件夹7"中的PT2.PPTX文件，参考图6-6所示的样张，按下列要求进行操作。

（1）所有幻灯片应用主题theme02.potx，设置所有幻灯片切换效果为淡出。

（2）在第一张幻灯片的副标题位置，插入自动更新的日期（样式为"××××年××月××日星期×"）。

（3）为第二张幻灯片中带项目符号的文字创建超链接，分别指向具有相应标题的幻灯片。

图6-6　演示文稿样张2

(4) 在第二张幻灯片中插入图片 shufa.jpg，设置图片高度为 9 厘米、宽度为 12 厘米，图片的进入动画效果为弹跳，并伴有抽气声。

(5) 在最后一张幻灯片的右下角插入"第一张"动作按钮，超链接指向第一张幻灯片。

(6) 保存文件 PT2.PPTX，存放于考生文件夹 7 中。

模拟练习 8

1. 编辑文稿操作

调入"模拟练习\考生文件夹 8"中的 ED3.DOCX 文件，参考图 6-7 所示的样张，按下列要求进行操作。

(1) 将页面设置为 A4 纸，上、下页边距为 2.6 厘米，左、右页边距为 3.2 厘米，装订线居左 0.1 厘米，每页 38 行，每行 38 个字符。

(2) 给文章加标题"现代音乐和后现代音乐的区别"，设置其格式为微软雅黑、小二号字、标准色-深蓝，居中显示，字符间距加宽 2 磅。

(3) 将正文各段设置为首行缩进 2 字符，段后间距 0.5 行。

(4) 将正文中所有的"后现代主义音乐"设置为标准色-红色、加着重号。

(5) 参考样张，在正文适当位置插入图片 music.jpg，设置图片高度、宽度缩放比例均为 45%，环绕方式为四周型，图片样式为柔化边缘矩形。

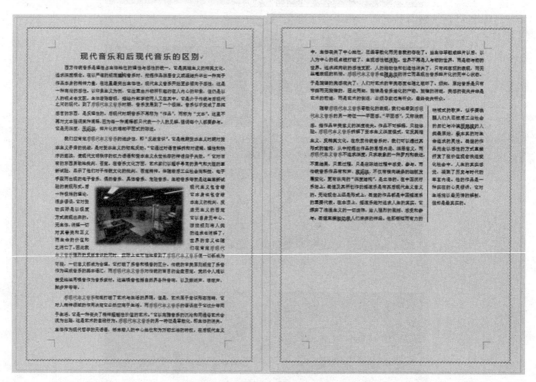

图 6-7　文稿样张 3

(6) 将正文最后一段分为偏右的两栏,栏间加分隔线。

(7) 设置页面颜色为主题颜色-灰色-25%、背景 2,页面边框为单波浪线、标准色-紫色、1.5 磅方框。

(8) 保存文件 ED3.DOCX,存放于考生文件夹 8 中。

2. 编辑 Excel 图表操作

调入"模拟练习\考生文件夹 8"中的 EX3.XLSX 文件,参考图 6-8 所示的样张,按下列要求进行操作。

(1) 在"销售"工作表中,设置第一行标题文字"产品销售统计表",在 A1:H1 单元格区域合并后居中,字体格式为黑体、16 磅字、标准色-红色。

(2) 在"销售"工作表的 H 列中,利用公式计算出销售额(销售额＝单价×销售数量×折扣),结果以带 1 位小数的数值格式显示。

(3) 在"销售"工作表中,设置 A2:H40 单元格区域外框线为标准色-蓝色最粗实线,内框线为标准色-蓝色最细实线。

(4) 复制"销售"工作表,并将新工作表重命名为"备份"。

(5) 在"备份"工作表中,按"销售店"进行排序,排序顺序为自定义序列:东门店,南门店,西门店,北门店。

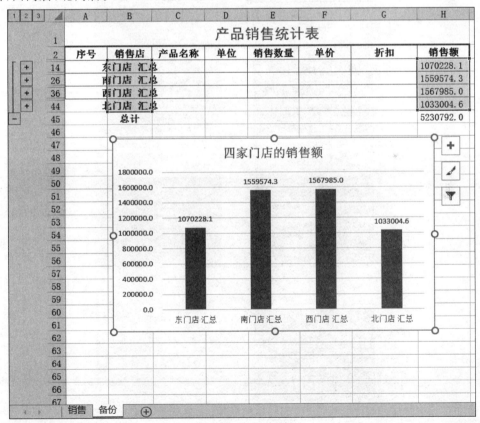

图 6-8 图表样张 3

(6) 在"备份"工作表中,利用分类汇总统计各门店的销售额之和。

(7) 参考样张,在"备份"工作表中,根据四家门店的销售额汇总数据生成一张"簇状柱形图",嵌入当前工作表中,图表上方标题为"四家门店的销售额",无图例,显示数据标签,位置在数据标签外。

(8) 保存文件 EX3.XLSX,存放于考生文件夹 8 中。

3. 编辑演示文稿操作

调入"模拟练习\考生文件夹 8"中的 PT3.PPTX 文件,参考图 6-9 所示的样张,按下列要求进行操作。

(1) 将幻灯片大小设置为全屏显示(4∶3),幻灯片编号起始值设为 0。

(2) 设置所有幻灯片背景填充色为标准色-浅蓝,所有幻灯片切换效果为淡出。

(3) 除标题幻灯片外,在其它幻灯片中插入幻灯片编号和页脚,页脚内容为"空间站"。

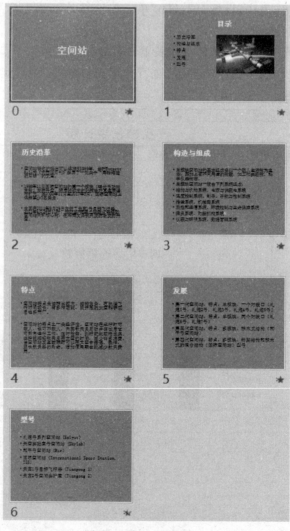

图 6-9　演示文稿样张 3

(4) 在第二张幻灯片中插入图片"空间站.jpg",设置图片高度为 8 厘米、宽度为 12 厘米,图片的动画效果为:自左下部飞入,持续时间为 1.25 秒,并伴有照相机声。

(5) 利用幻灯片母版,设置所有幻灯片中的标题字体格式为:宋体、标准色-黄色、加粗。

(6) 保存文件 PT3.PPTX,存放于考生文件夹 8 中。

模拟练习 9

1. 编辑文稿操作

调入"模拟练习\考生文件夹 9"中的 ED4.DOCX 文件,参考图 6-10 所示的样张,按下列要求进行操作。

(1) 将页面设置为 A4 纸,上、下、左、右页边距均为 2.8 厘米,每页 45 行,每行 40 个字符。

(2) 设置正文第一段首字下沉 3 行,距正文 0.2 厘米,首字字体为华文细黑、标准色-蓝色,其余段落设置为首行缩进 2 字符。

(3) 将正文中所有的"帆船"设置为:标准色-绿色、加粗、双下划线。

(4) 参考样张,在正文适当位置插入文本框,在其中添加文字"帆船运动",字体格式为:华文彩云、小初号字、标准色-红色,无形状轮廓,环绕方式为四周型。

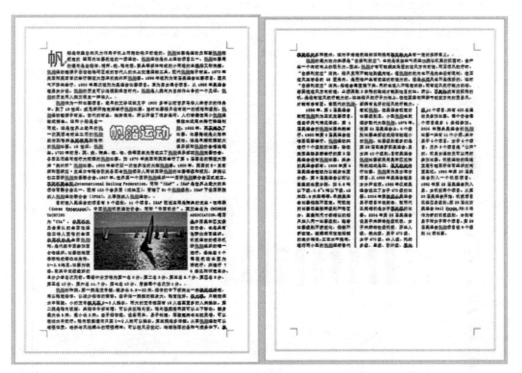

图 6-10　文稿样张 4

(5) 参考样张,在正文适当位置插入图片 fcyd.jpg,设置图片高度为 5 厘米、宽度为 8 厘米,环绕方式为紧密型。

(6) 给页面添加 0.75 磅、标准色-橙色、双波浪线方框。

(7) 将正文最后一段分为等宽的三栏,栏间加分隔线。

(8) 保存文件 ED4.DOCX,存放于考生文件夹 9 中。

2. 编辑 Excel 图表操作

调入"模拟练习\考生文件夹 9"中的 EX4.XLSX 文件,参考图 6-11 所示的样张,按下列要求进行操作。

(1) 在"一食堂"工作表中,设置第一行标题文字"一食堂盒饭供应统计",在 A1:G1 单元格区域合并后居中,字体格式为仿宋、加粗、16 磅字、标准色-紫色。

(2) 在"一食堂"工作表中,设置 A3:G33 单元格区域单元格样式为"输出"。

(3) 在"一食堂"工作表的 F 列中,利用公式计算每天的盒饭收入(盒饭收入=盒饭单价×供应盒饭数量×1000)。

(4) 在"一食堂"工作表的 G 列中,利用公式计算供应盒饭占比(供应盒饭占比=供应盒饭数量/当日就餐人数),结果以带 1 位小数的百分比格式显示。

(5) 复制"一食堂"工作表,并将新工作表重命名为"数据备份",工作表标签颜色设置为标准色-黄色。

(6) 在"一食堂"工作表中,筛选出供应盒饭占比最高的 10 项数据。

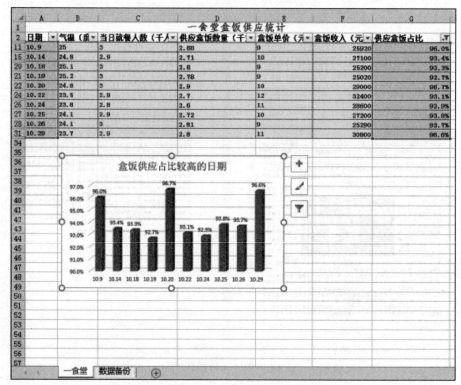

图 6-11　图表样张 4

(7) 参考样张,在"一食堂"工作表中,根据筛选出的供应盒饭占比,生成一张"三维簇状柱形图",嵌入当前工作表中,水平(分类)轴标签为日期,图表上方标题为"盒饭供应占比较高的日期"、16磅字,无图例,显示数据标签。

(8) 保存文件 EX4.XLSX,存放于考生文件夹 9 中。

3. 编辑演示文稿操作

调入"模拟练习\考生文件夹 9"中的 PT4.PPTX 文件,参考图 6-12 所示的样张,按下列要求进行操作。

(1) 将所有幻灯片背景格式设置为 10%图案填充,设置所有幻灯片切换效果为轨道(自左侧)。

(2) 在第二张幻灯片中插入图片 qg.jpg,设置图片高度、宽度缩放比例均为 55%,图片的动画效果为自左下部飞入,并伴有疾驰声。

(3) 为第二张幻灯片中带项目符号的文字创建超链接,分别指向具有相应标题的幻灯片。

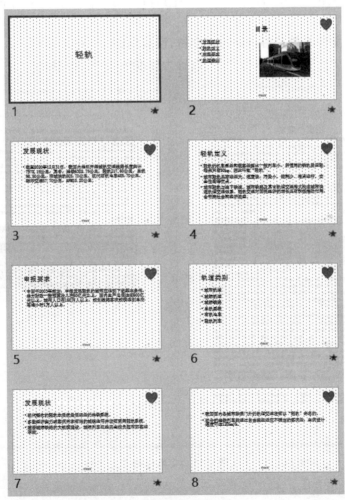

图 6-12　演示文稿样张 4

(4) 除标题幻灯片外,在其它幻灯片中插入幻灯片编号和页脚,页脚内容为"轨道交通"。

(5) 利用幻灯片母版,在所有"标题和内容"版式幻灯片的右上角插入心形形状,单击该形状,超链接指向电子邮件:gdjt@railway.com。

(6) 保存文件 PT4.PPTX,存放于考生文件夹 9 中。

模拟练习 10

1. 编辑文稿操作

调入"模拟练习\考生文件夹 10"中的 ED5.DOCX 文件,参考图 6-13 所示的样张,按下列要求进行操作。

(1) 将页面设置为 A4 纸,上、下、左、右页边距均为 3 厘米,装订线居左 0.2 厘米,每页 42 行,每行 38 个字符。

(2) 给文章加标题"积极心理学",设置其格式为黑体、二号字、标准色-深红,居中显示。

(3) 设置正文所有段落首行缩进 2 字符,段后间距 0.5 行。

(4) 将正文中所有的"积极心理学"设置为标准色-绿色、加粗。

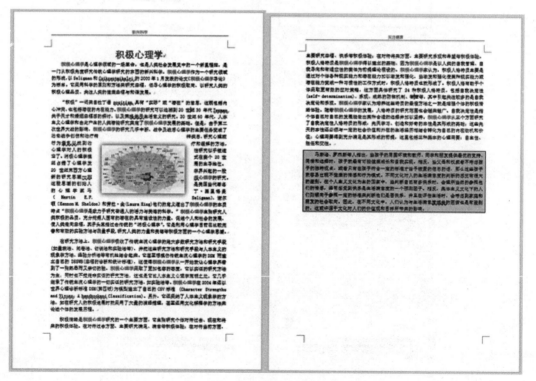

图 6-13　文稿样张 5

（5）参考样张，在正文适当位置插入图片"积极心理学.jpg"，设置图片高度为 4 厘米、宽度为 7 厘米，环绕方式为紧密型，图片样式为居中矩形阴影。

（6）设置奇数页页眉为"新兴科学"，偶数页页眉为"关注健康"。

（7）为正文最后一段添加标准色-深蓝、1 磅方框，底纹填充色为标准色-浅绿。

（8）保存文件 ED5.DOCX，存放于考生文件夹 10 中。

2. 编辑 Excel 图表操作

调入"模拟练习\考生文件夹 10"中的 EX5.XLSX 文件，参考图 6-14 所示的样张，按下列要求进行操作。

（1）在"11 月份"工作表中，设置第一行标题文字"主要工业产品 11 月份产量"，在 A1:C1 单元格区域合并后居中，字体格式为仿宋、16 磅字、标准色-蓝色、加粗。

（2）在"11 月份"工作表的 A2:C71 单元格区域，设置外框线为标准色-蓝色、双线，内框线为标准色-蓝色、最细单线。

（3）设置"11 月份"工作表标签颜色为标准色-红色。

（4）在"12 月份"工作表的 D 列中，利用公式计算各产品产量增长率（增长率=（12 月份产量－11 月份产量）/11 月份产量），结果以带 2 位小数的百分比格式显示。

（5）在"12 月份"工作表中，利用条件格式，将增长率为负值的单元格设置为红色文本。

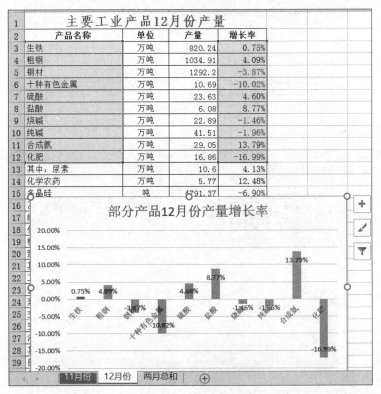

图 6-14　图表样张 5

(6) 在"两月总和"工作表的 C 列中,计算前十种产品 11 月份和 12 月份的两月总产量。

(7) 参考样张,在"12 月份"工作表中,根据前十种产品的增长率数据生成一张"簇状柱形图",嵌入当前工作表中,图表上方标题为"部分产品 12 月份产量增长率"、宋体、16 磅字,无图例,显示数据标签,位置在数据标签内。

(8) 保存文件 EX5.XLSX,存放于考生文件夹 10 中。

3. 编辑演示文稿操作

调入"模拟练习\考生文件夹 10"中的 PT5.PPTX 文件,参考图 6-15 所示的样张,按下列要求进行操作。

(1) 将所有幻灯片背景设置为"信纸"纹理,设置所有幻灯片切换效果为水平随机线条。

(2) 在第一张幻灯片的副标题位置,插入自动更新的日期(样式为"××××年××月××日星期×")。

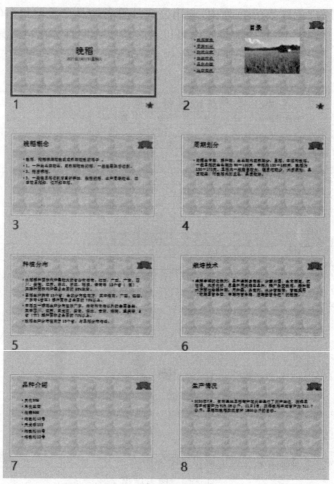

图 6-15 演示文稿样张 5

(3) 为第二张幻灯片中带项目符号的文字创建超链接,分别指向具有相应标题的幻灯片。

(4) 在第二张幻灯片中插入图片"晚稻.jpg",设置图片高度、宽度缩放比例均为75%,图片的进入动画效果为:8轮幅图案轮子。

(5) 利用幻灯片母版,在所有"标题和内容"版式幻灯片的右上角插入"上凸带形"形状,单击该形状,超链接指向网址:https://www.rice.com。

(6) 保存文件 PT5.PPTX,存放于考生文件夹10中。

附录

全国计算机等级考试一级计算机基础及 Microsoft Office 应用考试大纲(2021 年版)

基本要求

(1) 掌握算法的基本概念。
(2) 具有微型计算机的基础知识(包括计算机病毒的防治常识)。
(3) 了解微型计算机系统的组成和各部分的功能。
(4) 了解操作系统的基本功能和作用,掌握 Windows 7 的基本操作和应用。
(5) 了解计算机网络的基本概念和因特网(Internet)的初步知识,掌握 IE 浏览器软件和 Outlook 软件的基本操作和使用。
(6) 了解文字处理的基本知识,熟练掌握文字处理软件 Word 2016 的基本操作和应用,熟练掌握一种汉字(键盘)输入方法。
(7) 了解电子表格软件的基本知识,掌握电子表格软件 Excel 2016 的基本操作和应用。
(8) 了解多媒体演示软件的基本知识,掌握演示文稿制作软件 PowerPoint 2016 的基本操作和应用。

考试内容

一、计算机基础知识

(1) 计算机的发展、类型及其应用领域。
(2) 计算机中数据的表示与存储。
(3) 多媒体技术的概念与应用。
(4) 计算机病毒的概念、特征、分类与防治。
(5) 计算机网络的概念、组成和分类;计算机与网络信息安全的概念和防控。

二、操作系统的功能和使用

(1) 计算机软、硬件系统的组成及主要技术指标。

(2) 操作系统的基本概念、功能、组成及分类。
(3) Windows 7 操作系统的基本概念和常用术语，如文件、文件夹、库等。
(4) Windows 7 操作系统的基本操作和应用。
① 桌面外观的设置，基本的网络配置。
② 熟练掌握资源管理器的操作与应用。
③ 掌握文件、磁盘、显示属性的查看、设置等操作。
④ 中文输入法的安装、删除和选用。
⑤ 掌握对文件、文件夹和关键字的搜索。
⑥ 了解软、硬件的基本系统工具。
(5) 了解计算机网络的基本概念和因特网的基础知识，主要包括网络硬件和软件，TCP/IP 协议的工作原理，以及网络应用中常见的概念，如域名、IP 地址、DNS 服务等。
(6) 能够熟练掌握浏览器、电子邮件的使用和操作。

三、文字处理软件的功能和使用

(1) Word 2016 的基本概念，Word 2016 的基本功能、运行环境、启动和退出。
(2) 文档的创建、打开、输入、保存、关闭等基本操作。
(3) 文本的选定、插入与删除、复制与移动、查找与替换等基本编辑技术；多窗口和多文档的编辑。
(4) 字体格式设置、文本效果修饰、段落格式设置、文档页面设置、文档背景设置和文档分栏等基本排版技术。
(5) 表格的创建、修改；表格的修饰；表格中数据的输入与编辑；数据的排序和计算。
(6) 图形和图片的插入；图形的建立和编辑；文本框、艺术字的使用和编辑。
(7) 文档的保护和打印。

四、电子表格软件的功能和使用

(1) 电子表格的基本概念和基本功能，Excel 2016 的基本功能、运行环境、启动和退出。
(2) 工作簿和工作表的基本概念和基本操作，工作簿和工作表的建立、保存和退出；数据输入和编辑；工作表和单元格的选定、插入、删除、复制、移动；工作表的重命名和工作表窗口的拆分和冻结。
(3) 工作表的格式化，包括设置单元格格式、设置列宽和行高、设置条件格式、使用样式、自动套用模式和使用模板等。
(4) 单元格绝对地址和相对地址的概念，工作表中公式的输入和复制，常用函数的使用。
(5) 图表的建立、编辑、修改和修饰。
(6) 数据清单的概念，数据清单的建立，数据清单内容的排序、筛选、分类汇总，数据合并，数据透视表的建立。
(7) 工作表的页面设置、打印预览和打印，工作表中链接的建立。

(8) 保护和隐藏工作簿和工作表。

五、PowerPoint 的功能和使用

(1) PowerPoint 2016 的基本功能、运行环境、启动和退出。
(2) 演示文稿的创建、打开、关闭和保存。
(3) 演示文稿视图的使用,幻灯片的基本操作(编辑版式、插入、移动、复制和删除)。
(4) 幻灯片的基本制作方法(文本、图片、艺术字、形状、表格等插入及格式化)。
(5) 演示文稿主题选用与幻灯片背景设置。
(6) 演示文稿放映设置(动画设置、放映方式设置、切换效果设置)。
(7) 演示文稿的打包和打印。

考试方式

上机考试,考试时长 90 分钟,满分 100 分。

一、题型及分值

单项选择题(计算机基础知识和网络的基本知识)　　20 分
Windows 7 操作系统的使用　　10 分
Word 2016 操作　　25 分
Excel 2016 操作　　20 分
PowerPoint 2016 操作　　15 分
浏览器(IE)的简单使用和电子邮件收发　　10 分

二、考试环境

操作系统:Windows 7
考试环境:Microsoft Office 2016

参 考 文 献

[1] 刘卉,张研研.大学计算机应用基础教程(Windows 10+Office 2016)[M].北京:清华大学出版社,2020.
[2] 杨殿生.计算机文化基础教程:Windows 10+Office 2016[M].北京:电子工业出版社,2017.
[3] 曾辉,熊燕.大学计算机基础实践教程(Windows 10+Office 2016)(微课版)[M].北京:人民邮电出版社,2020.
[4] 陈承欢.办公软件高级应用任务驱动教程:Windows 10+Office 2016[M].北京:清华大学出版社,2018.